Deutsche Hütehunde
Entwicklung vom Mittelalter bis heute

Ute Rott

Deutsche Hütehunde

Entwicklung vom Mittelalter bis heute

PhiloCanis Verlag

FSC
www.fsc.org
MIX
Papier aus verantwortungsvollen Quellen
Paper from responsible sources
FSC® C105338

Bibliografische Information der Deutschen Nationalbibliothek:
Die Deutsche Nationalbibliothek verzeichnet diese Publikation in der Deutschen Nationalbibliografie; detaillierte bibliografische Daten sind im Internet über http://dnb.dnb.de abrufbar.

Satz & Layout: Franz Sonnenstatter, Hausham

Herstellung:
BoD – Books on Demand, Norderstedt

ISBN: 978-3-948548-00-1

Inhalt

Vorwort

Ute Rott liefert mit Ihrem Buch ein Werk ab, welches sich sehr umfassend mit den Hütehunden beschäftigt. Anders als andere Bücher zu dem Thema, die sich meist als Rassenlexika für einen bestimmten Kreis von Hunderassen darstellen, geht Ute Rott wesentlich tiefer. Sie erläutert sehr schön und verständlich, was ein Hütehund überhaupt ist und zeigt deutlich, was Hütehunde von anderen Hirtenhunden unterscheidet. Ein besonderes Augenmerk legt sie dabei auf die Unterscheidung der deutschen Hütehunde und der Collies, welche für unterschiedliche Aufgaben gezüchtet wurden. Diese unterschiedlichen Aufgaben führten letztlich dazu, dass man diese beiden Arten der Hirtenhunde nicht miteinander vergleichen kann. Sei es von der Wahrnehmung der Aufgaben, bis hin zu den spezifischen Charakteren.

Weiter wird im Buch ausführlich auf die Geschichte der Schäfer, deren Aufgaben und eben auch der Entwicklung der Hunde an der Seite der Schäfer eingegangen. Man erfährt also nicht nur etwas über Hunde, sondern wird auch unterhaltsam mit einem Teil der eigenen Geschichte, speziell der ländlichen Geschichte, vertraut gemacht. In diesem geschichtlichen Abriss geht Ute Rott darauf ein, wie Schafe gehalten wurden und zeigt dabei deutlich auf, wie wichtig Hunde für den Schäfer wurden, um überhaupt mit den Schafen durch die Lande zu ziehen. Auf der Suche nach Futter und Weideland.

Und, wie es bei Menschen so ist, wurden mit der Zeit auch Hütewettbewerbe erfunden, auf die Ute Rott natürlich auch eingeht. Sie erläutert schön und anschaulich diese Wettbewerbe, allerdings nicht ohne klare Worte, die auf Missstände hinweisen. Missstände, die es leider immer und überall gibt, wenn Menschen und Tiere „zusammenarbeiten" – oder zusammen Wettbewerbe austragen.

Neben der geschichtlichen Aufklärung, der Erläuterung der ernsthaften Arbeit und der Wettkampfaspekte, wird im Buch auch auf die Charaktere einzelner Hunde eingegangen und anhand schöner Beispiele das Wesen der Hütehunde erläutert, und auch der Unterschied zur Arbeitsweise von Treibhunden wie den Border Collies verständlich aufgezeigt.

Rassenerläuterungen fehlen in diesem, ich würde fast schon sagen „Standardwerk“ zu diesem Thema, natürlich auch nicht. Wertvolle Erläuterungen für den Umgang mit Hütehunden werden im Allgemeinen geliefert, aber auch detailliert erklärt. Im Kapitel zu Grundgehorsam, Beschäftigung und Ausbildung erhält der Halter eines Hütehundes wertvolle Informationen, die den Umgang mit seinem Vierbeiner deutlich erleichtern können. Und, was für mich noch wesentlich wichtiger ist: Wer das Buch von Ute Rott liest, wird das Wesen eines Hütehundes besser verstehen können. Und wenn man versteht, ist der Grundstein für ein harmonisches Miteinander schon gelegt.

Im Sinne des gegenseitigen Verstehens wünsche ich dem Buch, dass es viele Leser erreicht.

Thomas Riepe,
im September 2019

Einleitung

Zum ersten Mal begegnete ich einem Schäfer und seinen Tieren auf der Weide an einem sonnigen Februartag. Wir hatten schon verschiedentlich telefoniert und ich dachte eigentlich, dass die Schafe über den Winter im Stall stehen. Deshalb war ich sehr erstaunt, als er mich einlud, einen Tag Anfang Februar mitzugehen. Gegen Mittag kam ich an seinem Hof im Allgäu an und seine Frau schickte mich über Seitenstraßen ihm und seiner Herde nach. Bis an mein Lebensende werde ich den Anblick nicht vergessen, als er mit seiner Herde und den beiden Hunden über die leicht verschneiten Wiesen auf mich zu kam. Alle romantischen Vorstellungen, die man vom Leben eines Schäfers hat, kamen in diesem Moment hoch und auch ein kleines Gefühl von Neid war dabei. Es ging eine solche Ruhe von diesem Menschen mit seinen Tieren aus, dass ich mir kaum vorstellen konnte, dass so etwas heute tatsächlich noch möglich ist. Was an meinen romantischen Vorstellungen stimmte und was idealisiert und überzogen war, sollte ich im Laufe der Zeit noch lernen.

Schäfer mit Hunden und Herde bei der Winterweide auf dem Heimweg

Hütehunde gehören zu den beliebtesten Hunderassen überhaupt. Der Deutsche Schäferhund ist vermutlich trotz sinkender Welpenzahlen einer der Rassehunde, die in Deutschland am häufigsten gehalten werden. Seine ursprünglichen Verwandten, die Altdeutschen Hütehunde, erfreuen sich zunehmender Beliebtheit auch bei Privatleuten. Bis Ende des 20. Jhdts. kannten nur Insider die belgischen, holländischen, französischen, britischen Hunde, die mit dem Hirten an der Herde arbeiten. Und dass es sowas auch in Amerika und Australien, ja im Grunde in der ganzen Welt gibt, war nur wenigen Hundeliebhabern bekannt. Heute weiß fast jeder Hundefreund, was eine Beauceron ist, Pon und Pudi sind ihm bekannt, Border Collie und Australian Shepard sowieso.

Aber was „hüten" heißt, das weiß so gut wie niemand, obwohl viele Hütehunde, oder was man dafür hält, bei Hundefreunden leben. Um das zu untermauern zur Einleitung eine kleine Anekdote. Ich war auf einer Fortbildung mit mehreren Kolleginnen, und eine sehr erfahrene Kollegin, die schon lange als Hundetrainerin arbeitet, berichtete von einem unerfreulichen Verhalten ihres Rüden anderen Hunden gegenüber, das er immer zeigt, wenn er den anderen nicht besonders nett findet. Die Beschreibung endete mit den Worten: „...und dann kommt er immer ins Hüten." Das Interessante dabei ist, dass alle Anwesenden sofort wußten, was sie meinte: den fixierenden Blick und die geduckte Haltung des Border Collies. Die Kollegin sprach aber nicht von einem Collie, sondern von einem Golden Retriever.

Zu diesem Zeitpunkt hatte ich mich schon viel mit Hütehunden in Deutschland beschäftigt, war mit Schäfern durch die Lande gezogen, hatte Leistungshüten besucht, und alles gelesen, was mir über Hütehunde und die Arbeit der Schäfer in die Hände kam. Deshalb war ich über ihre Aussage etwas erstaunt. Mir wurde zum ersten Mal bewußt, dass das, was ein Border Collie macht, mit Hüten nichts zu tun hat. Aber er gilt als "Hütehund", bzw. wird vom FCI auch in der Gruppe der Hütehunde gelistet. Dabei wird leider übersehen, dass die Arbeit an Schafen in Mitteleuropa eine andere Sache ist als in auf den Britischen Inseln. Collies und mitteleuropäische Hütehunde leisten schwere Arbeit, sie sind für eine hochkomplexe und komplizierte Aufgabe über Jahrhunderte selektiert worden und sind deshalb, jeder in seinem Bereich, hochentwickelte Spezialisten. Aber wenn sie arbeiten, tun sie nicht unbedingt das selbe.

In diesem Buch möchte ich vor allem darauf eingehen, wie sich die Arbeit der deutschen Hütehunde von der Arbeit eines Collies unterscheidet, wie sich das auf ihr Wesen und ihren Charakter auswirkt und was das für Liebhaber dieser Hunde bedeutet, die nicht mit ihnen an der Herde arbeiten.

Bedanken möchte ich mich bei allen Schäfern, besonders bei Andreas Smietana, Mark Wrobletzky, Tobias Zagorzek und Stefan Borgmann bei deren Wanderungen ich mit dabei sein durfte, und bei denen ich die Hütearbeit und ihre liebenswerten vierbeinigen Kollegen kennengelernt habe. Das Mitlaufen an einem Weidetag ist nicht nur eine wunderbar erholsame und ruhige Angelegenheit, es führt einem auch deutlich vor Augen, was für großartige Hunde mitten unter uns unbemerkt leben, die schier unermüdlich schwere Arbeit leisten, und freundlich mit Mensch und Schafen sind. Ebenso bedanke ich mich bei Gudrun Krüger, die mir geduldig den Unterschied zwischen Border Collie und mitteleuropäischen Hütehunden vermittelt hat.

Bei den Recherchen zu diesem Buch habe ich mich sehr intensiv mit den Anfängen der Schäferei befaßt, da man nur so verstehen kann, wie sich Hütehunde entwickelten. Notgedrungen befaßt man sich dann auch mit Schafen und Schäfern, ein hochinteressantes Thema, über das es viel zu sagen gibt. Obwohl zum besseren Verständnis von Hütehunden und Schäfern die historische Entwicklung im folgenden erläutert wird, würde es den Rahmen dieses Buches sprengen, wenn zu detailliert darauf eingegangen würde. Deshalb verweise ich alle Interessierten auf die Literaturliste am Ende. Es gibt viele Veröffentlichungen über Hirtenleben, Schäferei und die Entwicklung der Landwirtschaft in Deutschland und Mitteleuropa, die hier nicht erwähnt sind. Für Interessierte lohnt es sich sehr, bei Schäferverbänden, an Universitäten oder spezialisierten Verlagen nachzuforschen.

In diesem Sinne wünsche ich Ihnen viel Spaß beim Lesen und beim Entdecken einer spannenden Welt neben unserem modernen Alltag.

Hirtenhunde – Definitionen

In älteren Büchern findet man für alle Hunde, die in irgendeiner Form an der Herde arbeiten die Begriffe Hütehund und / oder Hirtenhund, ohne zu unterscheiden, welche Art der Arbeit die Hunde eigentlich leisten. In den letzten Jahren ist man sehr viel genauer geworden. Selbstverständlich überschneiden sich die Aufgaben der verschiedenen Typen und deshalb findet man in manchen Rassebeschreibungen Hinweise wie „zeigt Herdenschutzhundeigenschaften" oder „eignet sich gut als Treibhund". Hüten und Treiben beinhaltet immer den Schutz der Herde und des Hirten, egal ob sich die Herde auf der Wanderung oder beim Weiden befindet. Auch konnten sich nicht alle Hirten verschiedene Hunde für unterschiedliche Arbeiten leisten. Deshalb gibt es Hunde, die sehr spezialisiert, und andere, die sehr übergreifend arbeiten. Hier folgen Definitionen der Begriffe, wie sie heute in der Praxis Anwendung finden.

Der Überbegriff für alle Hunde, die mit Menschen an der Herde arbeiten ist: Hirtenhunde. Je nach Aufgabe unterteilen sie sich in Herdenschutzhunde, Treibhunde und Hütehunde. Die Hütehunde unterteilen sich in Herdengebrauchshunde und Koppelgebrauchshunde.

Zu den Hirtenhunden gehören:

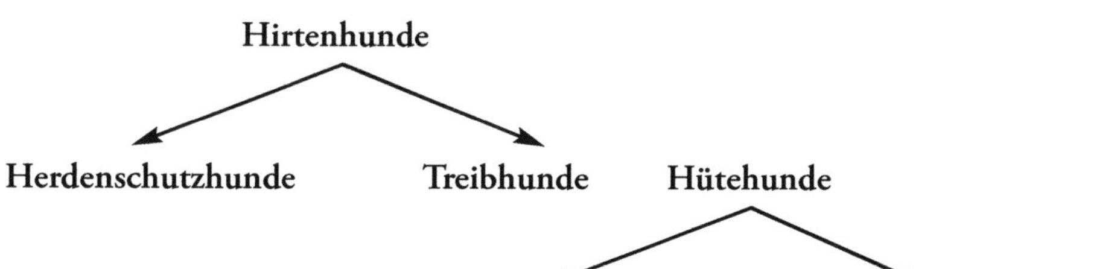

Herdenschutzhunde

Herdenschutzhunde sind die ältesten Hirtenhunderassen. Man findet sie überall in Asien und Europa mit sehr verwandten Verhaltensformen. Herdenschutzhunde werden in der

Regel zu mehreren an der Herde eingesetzt, sie bewachen und beschützen die Herde nachts und beim Weiden. Während der Wanderung läuft der Herdenschutzhund mit, hat aber nicht unbedingt eine Aufgabe im Sinne des Hütens.

Herdenschutzhunde sind sehr territorial veranlagt, man nimmt deshalb an, dass sie das Territorium mit allem bewahren, was sich darauf befindet. Sie gehen aber eine sehr enge Bindung zu ihrer Herde ein, da sie im Stall geboren werden und mit den Schafen aufwachsen. Eine gute Sozialisierung mit den Schafen ist deshalb der beste Herdenschutz. Auf Wanderungen sind sie sehr zurückhaltend und vorsichtig, da sie sich auf fremdem Territorium befinden. Aktuell wird viel über den Einsatz von Herdenschutzhunden als Schutz vor Wölfen diskutiert. Teilweise wird die Haltung bei Schäfern von den Ländern gefördert, da sie sehr effektiv die Herden vor Wölfen schützen. Über Herdenschutzhunde gibt es Literatur (s. Literaturliste im Anhang), diese Hunde beschäftigen uns hier nicht.

Treibhunde

Treibhunde gab es sicher bereits im Mittelalter, als große Viehherden, die so genannten „ungarischen Ochsen“, aus Ungarn und Südosteuropa nach Mitteleuropa getrieben wurden. Über sie ist leider wenig in Erfahrung zu bringen, sie werden in der Literatur nicht erwähnt. Auch große Viehtriebe aus Süd- und Westeuropa nach Russland sind bekannt. Hier wurden Hunde mitgeführt, aus denen sich der Südrussische Owtscharka entwickelte, der nicht als reiner Herdenschutzhund gilt, sondern auch Hüte- und Treibaufgaben erfüllen kann.

Ab dem 19. Jahrhundert wurden Treibhunde eingesetzt, um große Viehherden zu den Schlachthöfen, bzw. von den Märkten zu den Bahnhöfen zu treiben. Diese Herden mussten teilweise sehr große Strecken bewältigen. Mutige, ausdauernde und durchsetzungsfähige Hunde wurden dafür benötigt. Sie wurden auch als „Metzgerhunde“ bezeichnet, da viele Metzger solche Hunde hielten und mit ihnen das gekaufte Viehtrieben. Auch auf dem Heimweg waren diese großen, eindrucksvollen Hunde sehr wirksam, da Viehhändler und Metzger viel Geld dabei hatten und sich deshalb vor Überfällen schützen mussten. Da Metzger immer angesehener waren als Hirten und deren Hunde, waren ihre Hunde auch angesehen bei der Bevölkerung.

Heute hat man Treibhunde noch in Regionen, in denen große Herden über weite Strecken eingesammelt und getrieben werden müssen wie in Amerika und Australien. Ein entscheidender Unterschied zur Arbeit der Hütehunde, speziell der Herdengebrauchshunde ist, dass Treibhunde auch von hinten an die Herde heran- und in die Herde hineingehen. Treibhunde werden heute in Europa nicht mehr eingesetzt. Bekannte Vertreter sind Rottweiler und Bouvier de Flandres, sowie Australian Cattle Dog (cattle = Rind, Rindvieh) und Kelpie. Der Cattle Dog entspricht in etwa dem deutschen Kuhhund, Cattle Dog und Kelpie nehmen eine Zwischenstellung ein, sie werden sowohl zum Treiben als auch zum Hüten und bei der Koppelarbeit eingesetzt.

Rottweiler

Hütehunde

Der Begriff „Hütehund" ist mittlerweile sehr schwammig und ungenau, da durch das Bekanntwerden des Border Collies der Begriff „hüten" nicht mehr im Wortsinn

Cattle Dogs

angewendet wird. Es ist deshalb sinnvoll, zwischen Koppelgebrauchs- und Herdengebrauchshunden zu unterscheiden, da beide unterschiedlich arbeiten. Ein ganz entscheidender Unterschied ist, dass der Koppelgebrauchshund die Herde treibt, der Herdengebrauchshund dagegen in der Regel nicht. Er ist der eigentliche „Hütehund", der die Herde auf der Wanderung und beim Weiden lenkt und bewacht, also be„hütet".

Koppelgebrauchshunde

Der Koppelgebrauchshund schlechthin ist der Border Collie. Im Unterschied zum Herdengebrauchshund arbeitet der Koppelgebrauchshund auch hinter der Herde, er soll also treiben. Dass ein Hund von hinten an die Herde geht, macht vor allem für die Herde einen enormen Unterschied: ein Hund im Rücken bedeutet Angriff eines Beutegreifers. Bei selbstbewußten und wehrhaften Tieren wie Kühen oder Ziegen kann das durchaus bewirken, dass sie sich umdrehen, um den vermeintlichen Angreifer zu verjagen. Schafe, die naturgemäß weniger wehrhaft sind, neigen dann zum Davonrennen, bzw. wenn Einzeltiere von der Herde abgetrennt werden, trauen sie sich nicht mehr zu ihrer Herde zurück. Das ist vermutlich der Grund, warum der Border Collie das „down", also das Verschmelzen mit dem Boden beim Platzmachen schon fast genetisch fixiert hat und dies an der Herde, bzw. in der unmittelbaren Nähe der Tiere häufig auch von sich aus zeigt. Ein liegender Hund wird von der Herde eher als ungefährlich eingestuft und unter Umständen nicht wahrgenommen.

Border Collie an der Herde

Bei Koppelhaltung des Viehs begleiten Hund und Hirte die Herde nicht den ganzen Tag, sondern das Vieh wird auf die Koppel getrieben und irgendwann wieder hereingeholt, z.B. zum Melken, um Arbeiten wie das Kennzeichnen an den Tieren vorzunehmen oder sie werden auf eine andere Koppel gebracht. Das ist eine Arbeit, die täglich oder auch im Abstand von ein paar Tagen erfolgen kann. Möglich war die Entwicklung zur Koppelweidewirtschaft in Gegenden wie den britischen Inseln, wo es seit Jahrhunderten keine Wölfe und Bären mehr gibt und das Vieh deshalb nicht mehr den ganzen Tag bewacht werden muss. Zudem sind diese Regionen größtenteils im Winter schneefrei, so dass das Vieh ganzjährig draußen gehalten werden kann. Aufstallung ist nicht notwendig und es muss kein Heu zugefüttert werden. Ebenso kann auf großräumige Viehtriebe verzichtet werden.

Junger Border Collierüde

In vielen Gegenden wurde das Vieh nicht eingepfercht, da das Land groß und weit genug ist und die Schafe weiden können, wo sie möchten. Die Flur, die bewirtschafteten Felder und Wiesen, interessiert den Koppelgebrauchshund deshalb nicht, obwohl er lernen kann, die Flur zu schützen. In diesen Gegenden Englands und Schottlands gibt es so gut wie kein Ackerland, das vor dem Zugriff fremder Fresser geschützt werden müsste. Hier haben wir es fast ausschließlich mit Weideland zu tun. Es war also nicht erforderlich, dass die Collies etwas beschützten. Gerade Border Collies sind deshalb nicht unbedingt als Wach- und Schutzhunde geeignet. Sie sind viel eher darauf aus, in einer prekären Situation deeskalierend zu agieren. Sich massiv vor jemanden zu stellen und Angreifer abzuwehren liegt ihnen nicht.

Herdengebrauchshunde

Herdengebrauchshunde sind die Hunde, die wir in Mitteleuropa üblicherweise als „Schäferhunde" bezeichnen. Andere Tiere als Schafe werden heute in Europa nur noch sehr selten mit Hunden gehütet.

Der Herdengebrauchshund bewacht die Herde während des Weidens und Wanderns (=> Wanderschäferei), aber eigentlich bewacht er nicht ausschließlich die Herde, sondern auch die Flur, die nicht abgeweidet werden soll.

Luna und Shime beim Wehren am Wald

In Deutschland gibt es für diese Art von Arbeit die Deutschen Schäferhunde und die Altdeutschen Hütehunde, in Frankreich Beauceron, Picard, Briard und den Berger des Pyrénées, in Belgien und den Niederlanden Malinois, Tervueren, Groenendael, Schapedoes und den Hollandse Herdser, im osteuropäischen Raum finden wir den PON, in Ungarn den Mudi und den Pumi, und in Asien den Tibet Terrier.

Eine Sonderstellung nehmen die Hunde ein, die zusammen mit Herdenschutzhunden eingesetzt werden, wie etwa der Tibet Terrier und der Dho Khy. In den Pyrenäen haben sich der Berger de Pyrénées und der Pyrenäenberghund parallel herausgebildet. In Großbritannien hat sich neben den Collies der Old English Sheepdog entwickelt, der Treib- und Schutzaufgaben übernimmt. Es wäre sicher interessant zu untersuchen, inwieweit diese Hunde zusammenarbeiten und kooperieren.

Allein aus der unvollständigen Aufzählung der vielen Rassen sehen wir, dass diese Art von Hütehunden nach wie vor eine bedeutende Rolle spielt und tatsächlich arbeiten sie heute noch mitten unter uns wie seit hunderten von Jahren.

Der Hirte

Ein junger Schäfer wie aus dem Bilderbuch - auch das gibt es noch

Der Oberbegriff für Menschen, die an der Herde arbeiten, ist „Hirte": Kuh-, Roß-, Gänse-, Ziegen-, Schweine- oder Schafhirte, bzw. Schäfer. Der Schäfer hütet ausschließlich Schafe und er ist der Hirte, der in Mitteleuropa heute noch mit Hunden an der Herde arbeitet. In der letzten Zeit werden wieder von einzelnen Viehhaltern Hunde an Kühen und Ziegen eingesetzt. Dieser Trend ist sehr begrüßenswert, vor allem im Sinne der Hunde.

Was ist hüten?

Wenn wir unseren Welpen „hüten, wie unseren Augapfel“, dann wollen wir damit sagen, dass wir ihn besonders lieben und schätzen und nicht wollen, dass ihm etwas zustößt. Wir haben ihn in unsere „Obhut“ genommen und fühlen uns für ihn verantwortlich. Aber wenn wir uns „vor jemandem hüten“, dann trauen wir diesem Menschen alle möglichen Schlechtigkeiten zu und wollen lieber nichts mit ihm zu tun haben. Kinder, die „überbehütet“ aufwachsen, werden leicht unselbständig, weil ihre Eltern ihnen alles abnehmen und immer und überall für sie da sind.

Cattle Dog Hündin mit ihren Welpen

„Hüten“ ist ein Wort, das wir in unserem täglichen Sprachgebrauch häufig verwenden und das in vielen Kombinationen vorkommt. „Die Hut“ ist demnach keine Kopfbedeckung, sondern das aktive Bewachen und Beschützen von anderen. In unserem Wortschatz ist die bewußte Anwendung des Wortes „die Hut“ abhanden gekommen, nur in Redewendungen kommt es noch vor. Im großen Brockhaus von 1989 gibt es nur noch eine Erklärung für „den“ Hut, der große Herder von 1955 und Meyers großes Konversationslexikon von 1905 erwähnen auch noch eine weitere Bedeutung für „die

Hut“: „verwitterte Erze nahe der Tagesoberfläche, die unter der Einwirkung von Wasser, Sauerstoff und Kohlensäure oft in Sauerstoffverbindungen umgewandelt werden ...“ (Meyer). Allerdings wird auch hier schon das Bewachen nicht mehr erwähnt. In Schmellers Bayerischem Wörterbuch (Sonderausgabe von 1872-1877, G. Karl Fromm) wird noch sehr detailliert darauf eingegangen: der, bzw. die Huet haben demnach die gleiche Herkunft, aber unterschiedliche Bedeutungen: Kopfbedeckung, bzw. Schutz. Der Ausdruck „auf der Hut“ hat sich so eingebürgert, dass es im Alltagsgebrauch bedeutet, dass man besonders vorsichtig ist, während die ursprüngliche Bedeutung war: Tiere auf die Weide zu führen und sie dort zu bewachen und zu beschützen.

„Hüten“ heißt also: aufpassen, bewachen, beschützen, sich verantwortlich fühlen für jemand anders. Eltern behüten ihre Kinder, Hundemenschen ihre Hunde und Hütehunde die Herde. Um Hütehunde verstehen zu können, muss man sich mit ihrer Arbeit, den Hirten und dem Weidevieh, das sie hüten, beschäftigen. Allein die Kenntnis, an welchem Vieh ein bestimmter Schlag oder eine Rasse vorzugsweise zur Arbeit eingesetzt wird, erleichtert das Verständnis sehr. Auch die Rolle des Hirten sollte man kennen und verstehen. Wir haben es hier mit einer sehr innigen Mensch-Hund-Beziehung zu tun. Und ohne Hüter gäbe es keine Hütehunde. Vermutlich gäbe es auch keine moderne Viehwirtschaft ohne die Hunde, denn heute geht man davon aus, dass der Einsatz von Hütehunden die kulturelle und wirtschaftliche Entwicklung von Hirten- und Bauernvölkern möglich machte.

Zunächst verbinden wir heute mit „Vieh hüten“ die Vorstellung von Schafherden, die von Hunden und einem Schäfer begleitet und bewacht werden. Die oberste Aufgabe des Hütehundes ist es, die Herde auf ihrem Weg zu bewachen und heil und sicher wieder nach Hause zu bringen, egal wie lange der Weidegang dauert, ein paar Stunden oder auch ein paar Monate. Das allein genügt aber nicht. Die Herde überquert Straßen und Bahnlinien, passiert bebaute Ackerflächen, nicht eingezäunte Gärten, Weideflächen, Obstwiesen, Wald, allerhand Gelände also, auf dem Schafe sehr gerne halt machen und fressen würden. Der Schäfer hat aber vertraglich mit einigen Bauern, Gemeinden oder anderen Landeigentümern oder Pächtern wie Naturschutzbehörden die Flächen festgelegt, auf die er seine Schafe führen darf. Der Rübenacker gleich daneben gehört nicht dazu. Das betrifft auch das Getreidefeld auf der anderen Seite des Weges. Die Schafe sollen ausschließlich dort grasen, wo es vereinbart ist: auf dem Stoppelfeld, der Streuobstwiese, im Landschaftsschutzgebiet. Und das finden Schafe nicht unbedingt gut, denn die frischen Sprossen im Acker daneben schmecken eben besser als die alten Stoppeln und die Kräuter dazwischen.

Deutscher Schäferhund beim Wehren an der Streuobstwiese

Eine der Hauptaufgaben des Hundes ist es, die Schafe beim Weiden dort zu halten, wo sie grasen sollen und zu verhindern, dass sie auf "verbotenes" Gebiet abwandern. Er beschützt also nicht nur die Schafe vor 2- oder 4-beinigen Feinden, er beschützt ebenso das Land, das sie nicht beweiden dürfen. Zu diesem Zweck ist der Hund ununterbrochen in Bewegung und er muss allein entscheiden, was zu tun ist und wo er zu laufen hat. Dabei beobachtet er jede Bewegung der Schafe ganz genau und behält auch den Schäfer im Auge, da es durchaus sein kann, dass er eine Anweisung bekommt, die er auszuführen hat. Der Schäfer steht in der Regel auf der gegenüberliegenden Seite der Herde und beobachtet: die Herde, den Hund und die Umgebung. Anweisungen bekommt der Hund nur, wenn es unbedingt notwendig ist. Das bedeutet aber, dass arbeitende Hütehunde nicht nur ununterbrochen in Bewegung sind, sondern auch und vor allem, dass sie dabei aktiv das Geschehen beobachten, beurteilen und selbständig handeln und – ganz nebenbei – noch den Schäfer im Auge behalten. Das ist eine Aufgabe von großer Komplexität und von immenser Bedeutung, und das wird häufig von Privatmenschen vergessen, die sich einen Hütehund ins Haus holen.

Was der Hund auf gar keinen Fall tun darf: er darf die Schafe nicht erschrecken, nicht verunsichern, nicht in Angst und Panik versetzen. Der Zweck des Weidegangs ist das Weiden. Ein erwünschter Nebeneffekt ist die Düngung des Bodens. Schafe, die ständig auf den Hund achten müssen, weil sie Angst vor ihm haben, sind unruhig und fressen nicht mehr. Die Gefahr, dass sie ausbrechen und nach allen Seiten hin wegrennen, ist groß. Wer eine Herde betrachtet, stellt fest, dass immer einige Schafe die Köpfe oben haben und die Gegend beobachten. Ihnen entgeht nichts, kein Mensch und kein Hund, der sich der Herde nähert, wird übersehen. Den eigenen Hütehund registrieren sie zwar auch, aber sie können ihn gut einschätzen und wissen, dass er berechenbar ist und sie nur in den vorgegebenen Grenzen hält.

Deutscher Schäferhund beim beim Wehren im Winter

Außerdem stellt man fest, dass Schafe immer alle in eine Richtung sehen, besonders dann, wenn sie sehr nahe zusammen stehen beim Grasen. Der Hund läuft in der Regel so, dass die Schafe ihn sehen können, vor ihnen und seitlich im rechten Winkel. Niemals geht er beim Weiden hinter die Schafe, außer es droht Gefahr, vor der er die Schafe abschirmen muss, oder er bekommt eine entsprechende Anweisung vom Schäfer. Das bewirkt, dass die Schafe sich von ihm nicht bedroht fühlen. Ein Hund im Rücken kann gefährlich werden, er könnte angreifen und ein Schaf reißen. Die Herde wäre also mit einem Hund, den sie nicht im Auge behalten kann, unruhig und sehr schwer zu führen, bzw. auf der angewiesenen Weidefläche zu halten.

Es könnte auch passieren, dass sich einzelne Tiere von der Herde abtrennen. Läuft jetzt der Hund zwischen der Herde und den verirrten Schafen, trauen sie sich nicht mehr zur Herde zurück und geraten in Panik. Er darf auf keinen Fall Schafe abtrennen oder in die Herde eindringen. Der Hund muss sich so verhalten, dass die Schafe zwar Respekt vor ihm haben, aber keine Angst.

Schafherde von hinten mit abgesonderten Schafen

Im Gegensatz dazu steht das „Treiben" des Border Collies. Er holt die Schafe vom aktiven Weiden zurück, entweder zum Farmer, der sie für irgendwelche Arbeiten braucht oder Schafe verkaufen möchte, oder weil sie auf eine andere Weide / Koppel getrieben werden sollen. Dazu geht der Hund immer hinter die Schafe. Die Kunst des Hundes dabei ist, sich so zu bewegen, dass die Herde in ruhigem und gleichmäßigem Tempo vorankommt, ohne beunruhigt zu werden. Er muss exakt die Balance halten, so dass sein Abstand zu den Schafen gleich bleibt und er sofort erkennen und eingreifen kann, wenn ein Schaf abschweift. Sobald die Schafe an ihrem Bestimmungsort angekommen sind, bekommt der Hund ein Signal, das ihm sagt: Arbeit beendet. Ein wichtiger Bestandteil seiner Ausbildung ist das Abtrennen einzelner oder mehrerer Tiere von der Herde. Das ist etwas einfacher, wenn die Herde beim Grasen ist und in einzelnen Grüppchen, aber sehr schwierig, wenn sie zusammen steht. Die Herde stellt eine kompakte Masse dar und ein Hund (= Beutegreifer), der dazwischen geht, läuft Gefahr von den potentiellen Beutetieren angegriffen und evtl. überrannt und zertrampelt zu werden. Der Border Collie soll aber Schafe, die ihm der Farmer anzeigt, von den anderen trennen, und deshalb muss er zwischen die Tiere gehen. Dazu darf er sie nicht beunruhigen, das könnte bewirken, dass sie in Panik fliehen oder auch ihn überrennen.

Border Collie zeigt das „Auge"

Als die Border Collies in Deutschland bekannt wurden, kamen einige Schäfer auf die Idee, sich diesen angeblich genialen „Hüte"hund zu holen. Sie waren innerhalb kürzester Zeit maßlos enttäuscht, da dieser Hund ganz offensichtlich nicht verstand, was sie von ihm wollten. Wie hätten die Collies das auch verstehen sollen? Das ist nicht die Art von Arbeit, für die sie gezüchtet wurden. Ein arbeitender Collie treibt alles zusammen, was eben mal so rumsteht und weidet, dazu ist er da. Er ist ein Treib- und kein Hütehund. Sobald er sein Signal „Arbeit beendet" bekommt, hat er frei und interessiert sich nicht mehr sonderlich für die Schafe. In diesem Zusammenhang ist es interessant, dass es im Englischen weder ein Wort für „Hütehunde" noch eines für „hüten" in unserem Sinn gibt. Es gibt „Schaf"hunde (sheep dog) und „Rinder"hunde (cattle dog), aber keine Hütehunde, ebenso sind die Begriffe für „Vieh hüten" sehr allgemein, z.B. „to tend" oder „to keep watch over".

Die Unterschiede zwischen deutschen und britischen Hütehunden sind so groß, dass man sie nicht ohne weiteres gegeneinander austauschen kann. Warum auch? Jeder hat seine Aufgabe und die kann und soll er erfüllen. Da sich heute zunehmend die Koppelweidewirtschaft auch in Deutschland durchsetzt, können Border Collies hier mittlerweile sinnvoll eingesetzt werden.

Ein guter Hütehund bringt die Anlagen für seine Arbeit mit, der Schäfer baut diese Talente nur aus. Hütehunde zeigen alle ein sehr stark ausgeprägtes Jagdverhalten, wenn man sie läßt. Sind sie genügend ausgelastet und es wurde bei der Ausbildung auf eine gute Sozialisierung mit den Schafen geachtet, können sie das erwünschte Beutefangverhalten an der Herde kontrolliert einsetzen. Das Beutefangverhalten bewirkt, dass der Hund an der Herde großes Interesse hat, im Bedarfsfall einzelne Tiere maßregelt, die Herde in Bewegung bringt, verirrte Tiere zurückholt, alles sehr differenzierte Arbeiten, die sicher ausgeführt werden müssen und niemals zur Gefährdung der Schafe führen dürfen. Ebenso bringen sie bestimmte Griffeigenschaften mit. Der Griff erfolgt in den Nacken, die Rippen oder die Keule. Er darf niemals einfach so erfolgen, sondern darf nur gesetzt werden, um z.B. ein vorwitziges Schaf, das sich durch die pure Anwesenheit des Hundes nicht vom Naschen im Rübenacker abbringen läßt, abzustrafen. Ein Border Collie kann das alles lernen und zum Teil sieht man diese Verhaltensweisen auch bei ihnen, aber so wenig wie ein Altdeutscher das „Auge" zeigt, so wenig wird der Border Collie ein Hütehund im Sinne eines Strobels oder Schwarzen werden.

Abb. 1: Übersicht Herdengebrauchshunde - Koppelgebrauchshunde

	Herdengebrauchshunde	**Koppelgebrauchshunde**
Rassen	Altdeutscher Hütehund Deutscher Schäferhund	Border Collie
Ursprungsland / -region	Deutschland	Großbritannien
Aufgaben	Schutz vor Beutegreifern lenken und bewachen der Herde auf der Wanderung lebender Zaun beim Weiden = Schutz der bebauten Felder Zusammenhalt der Herde Schutz des Hirten und seines Anwesens	suchen und einholen der Herde von der Koppel / Weide auch in sehr weitläufigen Gebieten abtrennen bestimmter Tiere treiben einzelner oder mehrerer Tiere z.B. in einen Pferch
Einsatz	bei Wechseln zwischen Weiden beim Weiden ohne Zaun Wanderschäferei	Wechseln zwischen Koppeln Treiben von und zum Stall

„Hüten" bedeutet also nicht nur, an der Schafherde zu arbeiten, es ist eine komplexe Tätigkeit, die nicht jeder Hund einfach so ausführen kann. Vieles ist angeboren, einiges erlernt und das meiste ist eine Kombination aus Ererbtem, Erlerntem und ständig Ausgeführtem.

Entwicklung der Weidewirtschaft und der Hütehunde in Deutschland

Weltweit spielte die Arbeit der Hirten immer schon eine wichtige Rolle, da sich mit der Domestizierung von Haustieren wie Rindern, Ziegen, Schafen und Geflügel auch das Problem ergab, wie man sein Vieh vor zwei- und vierbeinigen Räubern schützt. Stall- oder Koppelhaltung ist eine sehr moderne Angelegenheit, die in Deutschland erst seit ca. 200 Jahren betrieben wird. Solange die Bevölkerungsdichte noch sehr gering und der Viehbestand niedrig war, reichten die Hirten zum Schutz der Herden aus. Aber je mehr Menschen versorgt werden mussten, desto größer wurden die Herden und um so interessanter wurde das Vieh für Räuber aller Art. In den unterschiedlichen Regionen der Welt haben sich verschiedene Weideformen herausgebildet, von denen einige auf den Einsatz von Hunden verzichten. Bei den meisten Hirtenvölkern haben sich zum Teil verwandte Formen der Weidewirtschaft und sehr ähnliche Hirtenhunde herausgebildet. Die regional unterschiedliche Entwicklung der Viehhaltung und des Ackerbaus im Laufe der Jahrhunderte brachte auch unterschiedliche Hirtenhunde hervor.

Die Hunde

„Ob's stürmt oder schneit
geh ich naus auf die Weid'
ob krank oder g'sund
geh ich naus mit mein Hund.“
(Schäferlied aus Oberfranken)

Zu Beginn der Viehhaltung, ca. 6.500 v. Chr. in Kleinasien, waren Wanderungen im Sinne unserer heutigen Wanderschäferei nicht notwendig, da die Hirten mit dem Vieh weiter zogen, sobald der Weidegrund abgegrast war. Das Futter bestimmte die Wanderung der Herde und damit das Leben der Hirten. Die Viehhaltung wurde im offenen Land oder in lichten Wäldern betrieben und es gab genug Platz für alle. Je größer die Herden und je differenzierter der Viehbestand wurde, um so wichtiger wurde der Einsatz von Hunden, die bis dahin als Spielkameraden der Kinder, Windelersatz für

Säuglinge, Wärmflaschen, Wächter und Vernichter von Ungeziefer und Unrat bei den Menschen gelebt hatten. Wir können davon ausgehen, dass die besseren Ohren und Nasen der Hunde, die ungebetene Besucher schon sehr frühzeitig entdeckten und meldeten, ebenfalls von praktischem Nutzen waren.

Abb. 2: Nomadismus, Herdenwanderung der Zaghawa in Sudan (nach Tubiana 1977)

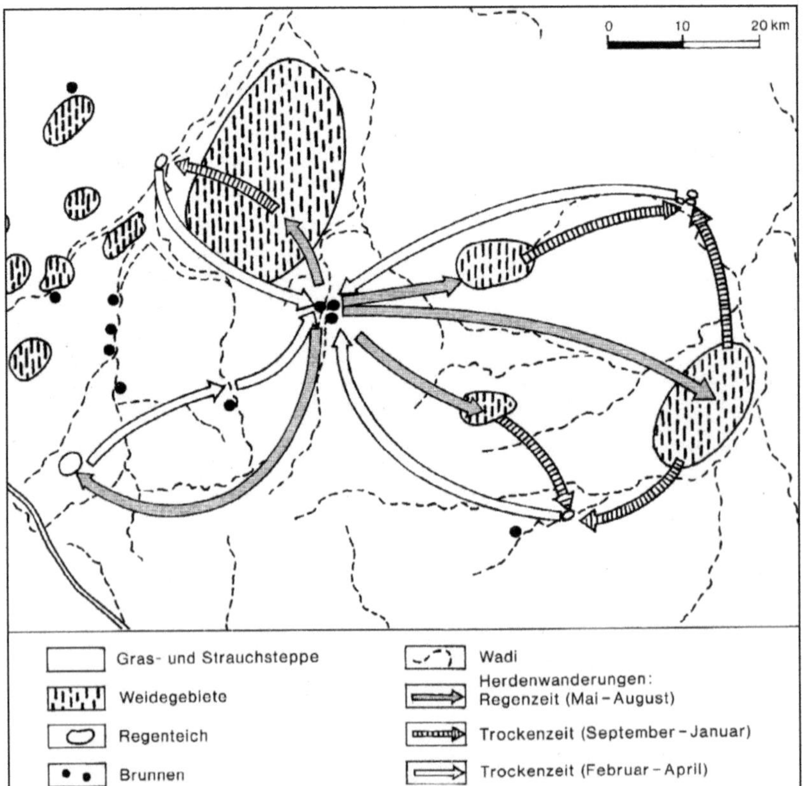

Quelle: „Agrargeographie“ Wolf-Dieter Sick, Westermann Verlag, Das Geographische Seminar, S.171

Seßhafte Ackerbauern lebten vor allem in der unmittelbaren Umgebung der Siedlungen. Die Hirten waren Nomaden. Solange die Bevölkerung so gering war, dass Ackerbauern und Hirtenvölker räumlich weit auseinander lebten, musste kein Ackerland vor dem hungrigen Zugriff des Viehs geschützt werden. Deshalb waren große Hunde, die den heutigen Herdenschutzhunden entsprachen, für den Schutz der Herden vollkommen ausreichend. Im Laufe der Zeit vermischten sich Ackerbau und Viehhaltung. Das hatte auch in Bezug auf die Düngung viele Vorteile. In den späteren Zeiten des Römischen Reiches war diese Entwicklung in Europa abgeschlossen. Als ab dem frühen Mittelalter mit zunehmendem Bevölkerungswachstum die Flächen in Mitteleuropa besser bewirtschaftet werden mussten, waren andere Hunde erforderlich. Das mussten mittelgroße oder kleine, wendige Hunde sein, die aktiv darauf achteten, dass die Herden nicht in die Ackerflächen neben den Weiden eindrangen, aber auch mutig und kräftig genug waren, um es mit vier- und zweibeinigen Räubern oder renitentem Vieh aufnehmen zu können. Sie mussten sehr gut mit dem Hirten zusammenarbeiten und auch auf Entfernung seine Anweisungen ausführen oder selbständig im Sinne des Hirten Entscheidungen treffen. Im Grunde arbeiteten sie wie ein lebendiger Zaun, der im Unterhalt billig und bei der Arbeit flexibel und effektiv war.

Eine weitere Aufgabe der Hunde war es, das Anwesen des Hirten zu bewachen. Dies beschränkte sich darauf, dass sie rechtzeitig meldeten, sobald sich jemand näherte. Im Notfall waren die Hunde wehrhaft genug, um einen Eindringling im Schach zu halten. Allerdings ist es eher unwahrscheinlich, dass der aktive Schutz des Anwesens eine bedeutende Rolle gespielt haben sollte, da die Hirtenhäuser immer eher im Dorf oder zumindest am Dorfrand lagen und nicht irgendwo einsam in der Welt. Sozialverträglichkeit zumindest gegenüber bekannten Menschen war also unabdingbar.

Die Hunde begleiteten die Herde auf den Wanderungen, die ab dem 14. Jhdt. zuerst in Württemberg einsetzten. Auch hier war der Schutz der Herde eine ebenso wichtige Aufgabe wie der Schutz der Flur, die nicht für die Beweidung ausgewiesen war. Diese ersten, an der Herde arbeitenden Hunde waren die Vorfahren unser heutigen Hütehunde. Parallel dazu kamen die Viehtriebe aus Ungarn, bzw. Spanien nach Mitteleuropa auf, bei denen wehrhafte Treibhunde benötigt wurden, die sowohl Räuber fernhalten, als auch mit störrischen Rindern umgehen konnten. Der Schutz von Ackerflächen war hier in der Regel von untergeordneter Bedeutung. Die Hunde mussten vor allem Feinde abwehren und die Herde zusammenhalten. Ab dem 18. Jhdt. wurden für die Viehtriebe vom Land in die Städte ebenfalls gute Treib- und Schutzhunde benötigt, die sich aus den sog. Metzger- oder Fleischerhunden entwickelten.

Bis zum Mittelalter sind Hirtenhunde in der Darstellung eher kräftige, große Tiere, die oft in Kampfsituationen dargestellt werden. So belegen beispielsweise Knochenfunde aus Siedlungsabfällen in bajuwarischen Siedlungen, dass die Bajuwaren eher mittelgroße bis große Hunde hatten. Der bajuwarische "canis pastoralis" (= Weidehund) hatte vermutlich wenig mit unseren heutigen Hütehunden gemein, außer seiner Aufgabe, das Vieh zu beschützen.

Erwähnungen von Hirten und Hunden im Sachsenspiegel

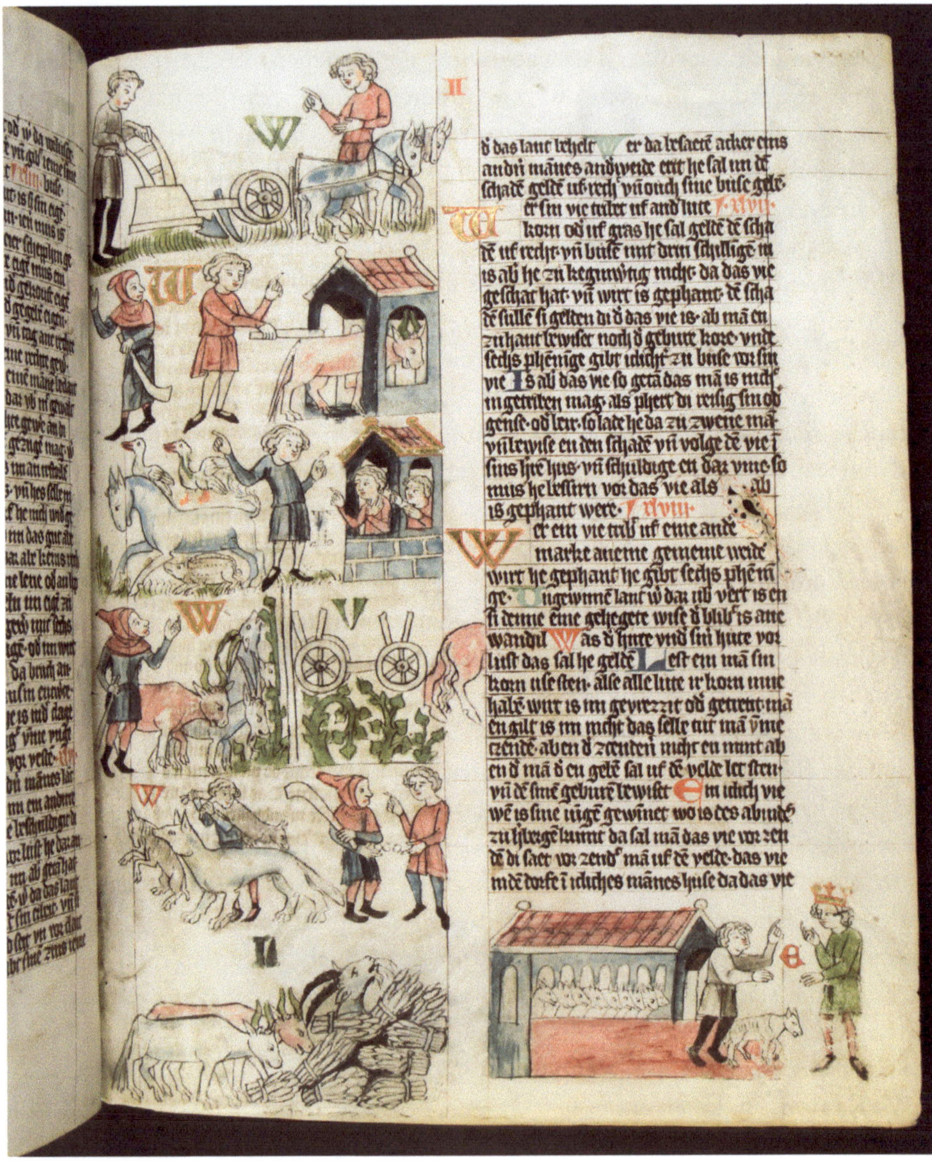

Cod. Guelf. 3.1 Aug. 2°, for 37r

dem das Feld gehört. Wer das besäte Feld eines anderen Mannes zum zweitenmal umpflügt, der soll ihm den Schaden ersetzen und auch, wie es das Recht vorsieht, seine Buße entrichten.
Kapitel XLVII.
Wer sein Vieh in das Kornfeld oder auf die Wiese eines anderen treibt, der soll ihm den Schaden erstatten, wie es das Recht vorsieht, und es mit drei Schillingen büßen. Ist er aber nicht zugegen, wo das Vieh Schaden angerichtet hat, und wird es gepfändet, dann sollen die, denen das Vieh gehört, den Schaden bezahlen, wenn man ihn (den Schaden) sogleich nach der Schätzung der Bauern beweist, und jeder gibt sechs Pfennige als Buße für sein Vieh. Ist aber das Vieh so geartet, daß man es nicht einfangen kann, wie Pferde, die brünstig sind oder Gänse oder ein Zuchteber, dann rufe er (der Geschädigte) zwei Männer herbei und zeige ihnen den Schaden an und folge dem Tier bis in seines Herrn Haus und beschuldige ihn deswegen, dann muß dieser für das Tier büßen, als ob es gepfändet wäre.
Kapitel XLVIII.
Wer sein Vieh in einer anderen Gemarkung auf eine allgemein zugängliche Weide (Allmende) treibt, der zahlt - wird er gepfändet - sechs Pfennige. Wer über unbearbeitetes Land fährt, der bleibt ohne Buße, wenn es keine eingezäunte Wiese ist. Was ein Hirte während des Hütens verliert, das soll er ersetzen. Läßt ein Mann sein Korn auf dem Halm stehen, wenn alle Leute ihr Korn bereits eingefahren haben, und wird es ihm abgefressen oder zertreten, dann erstattet man es ihm nicht. In gleicher Weise verhält man sich bei dem Zehnten, wenn ihn der Zehntherr nicht annimmt und wenn der Mann, der ihn entrichten soll, ihn auf dem Feld stehenläßt und seinen Dorfgenossen zeigt. Jedes Tier, das seine Jungen bekommt, soll man dort verzehnten, wohin es abends zum Stall zurückkommt. Die Saat verzehntet man auf dem Feld, das Vieh innerhalb des Dorfes im Haus eines jeden Mannes, worin dasVieh

Erwähnungen von Hirten und Hunden im Sachsenspiegel

Cod. Guelf. 3.1 Aug. 2°, fol 49 r

während ihrer Brutzeit und die Lockente ebenso. Dasselbe zahlt man für das Ferkel und das Zicklein während ihrer Säugezeit und für die Katze, für das Lamm (zahlt man) vier, für das Kalb sechs, für das Fohlen einen Schilling während seiner Säugezeit und für den Hofhund ebenso; den Hund, den man Schäferhund nennt, (entgilt man) mit drei Schillingen und ebenso das Pferd und das einjährige Schwein; das Rind (entgilt man) mit vier Schillingen; die Sau, die Ferkel trägt oder säugt, mit fünf Schillingen, den Zugochsen und das Feldfüllen mit acht Schillingen; andere Feldpferde, die zu voller Arbeit taugen, mit zwölf Schillingen. Die aber unter ihren Jahren sind, die bezahlt man, wie es ihrem Alter entspricht; das Reitpferd, auf dem der Mann seinem Herrn dienen soll, (bezahlt man) mit einem Pfund. Für das Ritterpferd, Roß und Zelter und Klepper ist kein Wergeld festgesetzt, ebenso für gemästete Schweine. Deshalb soll man sie und alle Fahrhabe zurückgeben oder bezahlen nach der Schätzung desjenigen, der sie verlor; es sei denn, daß jener, der sie bezahlen muß, sie mit seinem Eid herabsetzt.
Kapitel LII.
Die Deutschen sollen ihrem Recht entsprechend den König wählen. Sobald er von den Bischöfen, die dazu bestimmt sind, geweiht wird und den Thron zu Aachen besteigt, hat er königliche Gewalt und königlichen Namen. Sobald ihn der Papst geweiht hat, hat er des Reiches Gewalt und kaiserlichen Namen. Den König wählt man zum Richter über Eigengut und über Lehen und über jedes Mannes Leben. Der Kaiser kann aber nicht in allen Ländern sein und deshalb nicht alle Verbrechen jederzeit richten. Deshalb verleiht er den Fürsten Fahnenlehen, und die Fürsten verleihen den Grafen die Grafschaft und der Graf verleiht den Schultheißen das Schultheißenamt. An die vierte Hand soll kein Lehen gehen, das die Gerichtsbarkeit über Hals und über Hand enthält, außer allein an das Schultheißentum in der Grafschaft, weil kein Graf echtes Ding ohne Schultheißen abhalten kann.

Zum ersten Mal werden Schäfer und ihre Hunde im Sachsenspiegel erwähnt. Die Hunde sind in der bildlichen Darstellung eher klein bis mittelgroß. Bemerkenswert ist, dass sie bereits als „Schäferhunde“ bezeichnet werden, was ein deutlicher Hinweis darauf ist, dass vorallem Schafhirten mit Hunden arbeiteten. Der Sachsenspiegel, die erste schriftliche Sammlung von Gesetzen, entstand im 13. Jhdt.. Bis dahin wurde Recht nur mündlich und durch Laien überliefert und gepflegt. Eike von Repgow hatte sich zur Aufgabe gemacht, diese Überlieferungen zu sammeln, so dass eine einigermaßen einheitliche Grundlage für Rechtssprechung entstand. Es handelt sich nicht um Gesetze in unserem Sinn, aber diese Sammlung wurde sehr schnell als gesetzliche Grundlage anerkannt, da darin so gut wie alle Dinge des täglichen Lebens zusammengefaßt waren. Der Sachsenspiegel umfaßt zwei Rechtsbereiche, das Landrecht und das Lehnrecht. Das Landrecht ist das Recht der freien Leute. Es regelt alle Alltagsangelegenheit vom Erbrecht über Grundstücksrecht, Ehe, Güterverteilung und anderes. Zudem umfasst es Strafrecht und Gerichtsverfassung. Das Lehnrecht regelt die Verhältnisse zwischen den Ständen, die Wahl von Kaisern und Königen, Lehnspflichten und anderes.

Vor der modernen Rassehundezucht gab es keine Rassen in unserem Sinn. Es gab Landschläge, die regional unterschiedliches Aussehen hatten, aber in erster Linie nach Leistung, und erst in zweiter nach Schönheit, bzw. dem Geschmack des Hirten gezüchtet wurden. Deshalb gibt es überall, wo sich Weidewirtschaft entwickelt hat, kleine bis mittelgroße, schnelle und wendige Hunde, die eine rasche Auffassungsgabe besitzen, sehr stark an ihren Menschen orientiert sind, bei konsequenter und freundlicher Erziehung gut verträglich mit Artgenossen, Kindern und Haustieren, dabei aber wachsam und mit stark ausgeprägtem Schutzverhalten ausgestattet sind. Von Asien bis zur Atlantikküste findet man Hunde wie unsere Hütehunde, die an der Herde arbeiten und diese Eigenschaften in regional unterschiedlich ausgeprägter Form aufweisen: so hat der Berger des Pyrennées mit dem Deutschen Schäferhund mehr gemein als mit dem Border Collie, der auf ganz andere Art an der Herde arbeitet und nicht für Schützen und Hüten benötigt wurde.

In der bäuerlichen Wirtschaft waren die Hunde klein und genügsam. Ihre Ernährung durfte nichts kosten, am besten war es, wenn sie sich selber von Abfällen, Mäusen und anderen Kleintieren ernährten. Dadurch wurde gleichzeitig das Ungeziefer eingedämmt. Zusätzlich gab es auch Vorschriften über die Größe der Hunde, da die Hunde der Hirten auch gerne mal auf die Jagd gingen. Zahlreiche Prozessakten zeugen von Auseinandersetzungen zwischen Jagdherren, die auch die Grundbesitzer waren, und Hirten. Je kleiner der Hund war, um so geringer war auch der Schaden den er anrichten konnte. Einen Hasen konnten die hohen Herren eher verschmerzen, als einen Hirsch.

Manche Hunde wurden verstümmelt, z.B. wurde ihnen ein Bein gebrochen, so dass sie nicht mehr jagen konnten. Da dies bei der Arbeit hinderlich war und der Hund an einem langen Hütetag auch nicht ausdauernd und leistungsfähig genug war, bekamen manche Hunde einen Klotz um den Hals, der den Hund beim Jagen behindern und auf Dauer davon abhalten sollte. Die Schäfer bevorzugten deshalb eher leichtführige und gut erziehbare Hunde, die zuverlässig bei der Arbeit blieben.

Einem Schäfer nützt ein Hund, der sich bei jeder Gelegenheit vom Acker macht, rein gar nichts. Ein Rüde darf nicht abhauen, wenn in der Nähe eine läufige Hündin ist, und ein hungriger Hund muss bei der Herde bleiben, auch wenn die Rehlein noch so provokant herumhüpfen. Auch zu Hause muss der Hund freundlich und geduldig mit den Kindern sein, er darf das Kleinvieh wie Kaninchen und Geflügel nicht beschädigen. Aber er muss wehrhaft und aufmerksam sein, wenn sich ein Räuber oder ein Beutegreifer der Herde nähert, er sollte den Schäfer nicht im Stich lassen, wenn er angegriffen wird, er soll ihm im Gegenteil beistehen. Dabei darf er aber nicht zur unkontrollierten Aggression neigen, sondern muss genau abwägen können, wann sein Eingreifen notwendig ist und wann nicht. Eingreifen bedeutet aber nicht unbedingt „angreifen", sondern die Sicherung der Herde. Deeskalation ist immer die erste Wahl.

Diese Eigenschaften waren für die Hunde überlebensnotwenig, denn wer diese Forderungen nicht erfüllte, dessen Leben war bald zu Ende. Ein armer Hirte hatte weder die Geduld noch das Geld einen unnützen Fresser durchzubringen, nur weil er vielleicht besonders hübsch war. Wichtig war die Zuverlässigkeit des Hundes bei der Arbeit, der gute und zuverlässige Gehorsam und die rasche Einsatzmöglichkeit an der Herde.

Es fand über die Jahrhunderte eine sehr harte Selektion nach verschiedenen Kriterien statt, die nicht unbedingt bewußt gewählt wurden, sondern sich aus der Aufgabenstellung an die Hunde ergab:

- enge Bindung an den Menschen, besonders an den Hirten
- Genügsamkeit bei hoher körperlicher Leistung
- Wohlverhalten gegenüber der Familie und den hauseigenen Tieren, bzw. der Herde
- Schutzaufgaben
- schnelle Auffassungsgabe und Lernfähigkeit
- leichte Erziehbarkeit, leichtführig
- kurze Entwicklung zum erwachsenen und damit arbeitsfähigen Hund
- körperlich sehr robust und wetterfest
- energiesparsame Bewegungsabläufe
- Zuverlässigkeit in allen Lebenslagen

Man kann festhalten, dass es sich bei diesen Hunden um sehr lebenstüchtige und arbeitstaugliche Tiere handelte, die ideal für ihre Aufgaben ausgestattet waren. Das Äußere der Hunde war vor allem für die Erfüllung ihrer Aufgaben wichtig, das heißt, dem Schäfer war es meistens egal, ob der Hund rot oder schwarz war, solange er seine Arbeit ordentlich machte. Das Fell musste pflegeleicht und wetterabweisend sein und der Körperbau war und ist der eines Ausdauersportlers. In den verschiedenen Regionen Deutschlands haben sich im Laufe der Zeit unterschiedliche Schläge herausgebildet, die sich optisch zum Teil sehr stark unterscheiden.

Schäfer in Deutschland

„Jeden Morgen neue Sorgen
jeden Tag die gleiche Plag
jede Nacht ein hartes Bett
ach wenn's nur ein Ende hätt'.“
(Hirtenlied aus Oberfranken)

„Hirte“ ist der Oberbegriff für den Menschen, der am Vieh arbeitet. Für uns ist heute „Schäfer“ damit gleichbedeutend. Der Schäfer ist nur für Schafe zuständig und das ist mit Ausnahme der Sennwirtschaft in den Alpen das einzige Vieh, das heute noch traditionell in Deutschland gehütet wird.

Schäfer bei der Herde

Die ersten Hirten in Kleinasien waren gleichzeitig die Eigentümer der Herden. Mit der Entwicklung von großen Gütern wurden Sklaven oder Leibeigene als Hirten eingesetzt. Ab dem Mittelalter wurden in den Ländern des Deutschen Reiches für das Vieh Hirten benötigt, die einen Vertrag mit der Dorfgemeinschaft schlossen und als abhängig Beschäftigte das Vieh hüteten. Dies wurde auch zunehmend bei Adels- und Klostergütern so gehandhabt, bzw. aus der Abhängigkeit vom Grundherren heraus konnten sich Hirten entwickeln, die auf eigene Rechnung oder angestellt für Großgrundbesitzer arbeiteten. Dabei muss man berücksichtigen, dass bis zum 18. Jhdt. auch sog. freie Bauern dem Grundherren gegenüber immer zu bestimmten Leistungen verpflichtet waren, also immer in einer gewissen Abhängigkeit von ihm lebten und arbeiteten.

Hirten wurden unterteilt in Kuh,- Pferde-, Ziegen-, Schwein-, Schaf- und Gänsehirten. Dabei waren die Kuhhirten in der Hierarchie ganz oben, da Kühe in der Regel die wichtigste Rolle spielten: sie lieferten nicht nur Milch und Fleisch, sondern waren als Produzenten von Dung für die Äcker und als Zugvieh von immenser Bedeutung für die bäuerliche Wirtschaft. Häufig wurde ein Oberhirte je Dorf ernannt, der für die verschiedenen Herden Unterhirten beschäftigte.

Für dic Dorfgemeinschaften war es günstiger einen oder mehrere Hirten zu verpflichten, als die eigene Arbeitskraft beim Hüten zu vergeuden. Manchmal wurden Kinder zum Hüten des Geflügels eingesetzt, aber auch sie waren bei Arbeiten in Haus und Hof oder auf dem Acker wichtiger. Zudem war es effektiver alle Kühe oder Schafe in die Obhut eines Hirten zu geben, da wenig Weideland zur Verfügung stand und gut eingeteilt werden musste. Obwohl also die Hirten für die dörfliche Gemeinschaft sehr wichtig waren, nahmen sie in der bäuerlichen Hierarchie eine sehr niedrige Stellung ein. Es war ihnen nicht erlaubt, Zünfte zu bilden, sie durften nur unter ihresgleichen heiraten und ihre Verträge liefen in der Regel ein Jahr. Das hatte zur Folge, dass die Hirten kein Bleiberecht in den Gemeinden bekamen und damit im Krankheitsfall und im Alter nicht versorgt werden mussten. Dieses erzwungen unstete Leben brachte ihnen zusätzlich den Ruf der Unehrlichkeit ein. Als Nebentätigkeit und um sich über Wasser zu halten, verlegten sich viele Hirten auf die Abdeckerei, die ebenfalls zu den mißachteten und "unehrlichen" Berufen gehörte. Da sie in der Lage sein mussten, dem Vieh zu helfen, etwa bei Geburten oder wenn es krank oder verletzt war, fanden sich gerade unter den Schäfern viele Heilkundige. Teilweise versorgten sie auch die ärmere Bevölkerung, die sich keinen Arzt leisten konnte. Das war zwar nützlich, aber mit dem Ruf der Zauberkundigkeit behaftet und damit ebenfalls schlecht für den Leumund. Hirten waren also in der Regel arme Schlucker, die die schlechteste und kleinste Hütte im Dorf zugewiesen bekamen. Auch damit wollte man verhindern, dass sie sich im Dorf wohl fühlten.

In den Verträgen, die in der Regel mündlich abgeschlossen wurden, war genau festgelegt, wann welches Vieh wo und von wem geweidet wurde. Ebenso wurden der Lohn, die Verpflegung, die Wohnung, die Dauer und wie der Hirte seine Arbeit zu machen hatte, festgeschrieben, ob er Hunde mitbringen oder unter Einsatz seiner Angehörigen oder mit Knechten hüten sollte. Dabei gab es zunehmend nicht nur die armen Hirten, die froh sein mussten, wenn sie mit ihrer Familie jährlich ihre Verträge bekamen, sondern es entwickelten sich komplizierte Formen der Selbständigkeit, die die ersten Formen eines Unternehmertums bei Hirten waren. Dies betraf vor allem die Schäfer, deshalb wird im folgenden der Begriff „Schäfer" verwendet.

Im Sachsenspiegel wurden erstmals die Sonder-/Eigenschäfer erwähnt, die alle in feudalen Diensten standen, da die Schafhaltung im späten Mittelalter ein herrschaftliches Privileg war. Diese Schäfer waren ähnlich vertraglich gebunden wie die Gemeindehirten, nur befanden sie sich in herrschaftlichen Diensten. Man kennt sie auch als Lohn- und Deputatschäfer, die keine eigenen Schafe besitzen durften, sie erhielten ihren Lohn in Form von Naturalien und Geld.

Ab dem 16. Jhdt. entstand die Menge- oder Setzschäferei als Lohnform für herrschaftliche Schäfer. Das bedeutet, dass sie ihre eigenen Schafe der ihnen anvertrauten Herde beimengten. Die Schafe durften nicht identifizierbar sein, so dass gewährleistet war, dass der Hirte die gesamte Herde wie seine eigene betreute. Erträge, Verluste und Kosten wurden anteilig errechnet, ebenso die Schäferei- und Triftrechte. Diese Mengeschäfer waren am wirtschaftlichen Erfolg ihrer Arbeit natürlich ganz anders interessiert als die armen Dorfhirten, die keine Rechte, dafür wenig Lohn und schlechte Behandlung erwarten konnten. Eine verwandte Form war die Hälfteschäferei, bei der die Grundherren über einen sehr geringen Viehbestand verfügten, aber viel Land zur Verfügung hatten. Sie vergaben die Schäferei- und Triftrechte an selbständige Schäfer, der Ertrag wurde zwischen Grundherren und Schäfern je zur Hälfte aufgeteilt. Ebenso gingen manche Feudalherren dazu über, ihre Schäfereien und Schafhöfe an Pacht- oder Triftschäfer zu verpachten. Es entwickelte sich so ein gewisses Unternehmertum.

Trift-, Pacht- und Weiderechte, Allmende

„Triftrecht" ist das Recht, Vieh über fremden Grund oder über bestimmte Wege und Straßen zu treiben. „Weiderecht" ist das Recht, Vieh auf bestimmten Flächen weiden zu lassen. Beides muss in irgendeiner Form bezahlt werden, ist aber nicht gleichzusetzen mit Pacht. Teilweise waren diese Rechte übertragbar und / oder vererbbar. Wer über Trift- und Weiderechte verfügte, war ein wohlhabender Mann, er konnte diese Rechte vergeben. Die Bezahlung der Trift- und Weiderechte erfolgte in der Regel durch Düngung während der Beweidung.

Die Allmende ist das gemeinsame Eigentum der Dorfgemeinschaft, in der Regel handelt es sich um Wald, Wiesen und Weidegründe. Die Eigentumsverhältnisse der Dorfgemeinschaften waren im Mittelalter hochkomplex geordnet. Grund und Boden waren häufig in Allgemeinbesitz, die Hofstelle und das Vieh Privatbesitz. Auf der Allmende durften nur Mitglieder der Gemeinschaft ihr Vieh weiden, und auch das nur nach einem genauen Schlüssel und zu genau festgelegten Zeiten. Es wurde damit verhindert, dass sich allzu egoistische Mitbürger zu stark ausbreiteten. Ebenso wurde die Ansiedlung Ortsfremder erschwert.

Das Wort „Pacht" kommt vom lateinischen „pactum" = Vertrag. Im Unterschied zur Allmende-Nutzung berechtigt ein Pachtvertrag den Pächter zur Nutzung des gepachteten Grundes, also nicht nur zur Beweidung wie bei einem Trift- und Weideabkommen, sondern auch zur Ernte der darauf angebauten Feldfrüchte.

Wie man sieht, war das Hirtenwesen eine sehr komplex geordnete Angelegenheit, die sich über die Jahrhunderte hinweg regional unterschiedlich entwickelte.

Transhumanz

Unter Transhumanz (lat. „trans humus" = „durch die Gegend, über die Erde", franz. „transhumer" = treiben) versteht man Fernweidewirtschaft mit jahreszeitlich bedingtem Wechsel der Weidegebiete. Das Vieh wird in der Regel im Winter nicht eingestallt, sondern wechselt auf die Winterweide, ist also ganzjährig draußen. Typisch ist auch, dass es sich immer um gedungene Hirten handelt, die teilweise große Herden von unterschiedlichen Vieheignern zusammenstellen. In Europa gibt es sie heute noch in Südeuropa, z.B. in Südfrankreich und Spanien und in weiten Teilen des amerikanischen Kontinents. Im Mittelmeergebiet wandern die Hirten mit ihren Herden im Sommer auf die kühleren, da hochgelegenen Almen und im Winter in die schneesicheren Täler. Die Wege, die hier zurückgelegt werden, können beträchtlich sein, so dass die Wanderungen sich über mehrere Tage hinziehen. Teilweise wird der Begriff auch im Zusammenhang mit den großen Viehtrieben von Spanien und Ungarn nach Deutschland, bzw. Österreich verwendet. Das ist nicht korrekt, da es sich hier um Schlachtviehtransporte handelte und nicht um Weidewirtschaft.

Abb. 3: Transhumanz im westlichen Mittelmeergebiet (nach BOESCH 1969 n. MÜLLER u.a.)

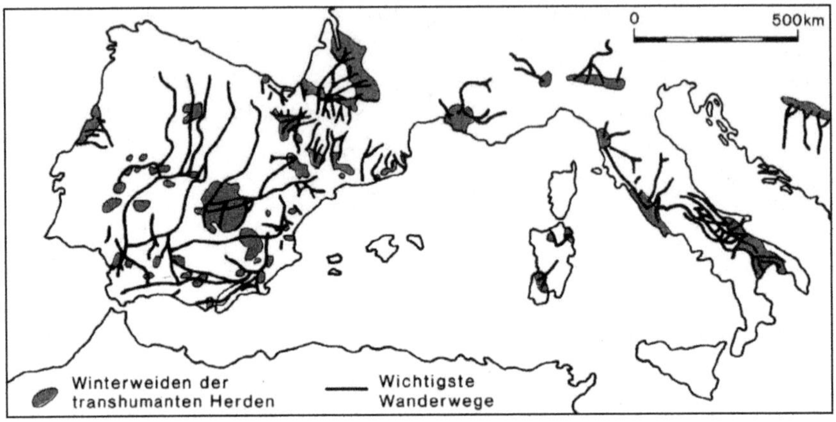

Quelle: „Agrargeographie" Wolf-Dieter Sick, Westermann Verlag, Das Geographische Seminar, S. 133

Bei diesen Wanderungen sind oft zwei Sorten von Hirtenhunden dabei: Herdenschutzhunde wie z.B. der Pyrenäenberghund, und Hütehunde, wie der Berger des Pyrenées. Dabei bewacht der Herdenschutzhund die Herde auf der Weide, der Hütehund sorgt auf der Wanderschaft dafür, dass die Herde zusammenbleibt und nicht auseinanderdriftet.

In Deutschland gibt es keine echte Transhumanz, da die klimatischen Bedingungen z.B. in Norddeutschland so beschaffen sind, dass das Vieh ganzjährig auf den Weiden steht und nur zum Melken oder für andere Arbeiten in den Stall kommt. In den Alpenregionen ist das Vieh im Winter immer eingestallt und geht nur als Jungvieh im Sommer auf die Almen. Hunde arbeiten an diesen Herden so gut wie.

Acker- und Viehwirtschaft

Ab dem 8. Jhdt. entwickelte sich im deutschsprachigen Raum die Weidewirtschaft neben dem Ackerbau. Je nach Region verlief die Entwicklung sehr unterschiedlich. Im Gebirge und teilweise auch in den Mittelgebirgen wurden seit ca. dem 10. Jhdt. im Sommer die Almen genutzt, im Winter stand das Vieh im Stall. Almen sind Weidegründe, die teilweise im Hochgebirge knapp unter der Baumgrenze oder sogar darüber liegen und nur zur schneefreien Zeit zugänglich sind. In der Regel sind sie mindestens einen Tagesmarsch vom heimatlichen Gehöft entfernt. Deshalb wird und wurde normalerweise nur das Jungvieh und max. eine Milchkuh, die zur Versorgung der Senner (= Almhirten) diente, aufgetrieben. Auch Schafe und Ziegen kamen auf die Almen. In den Alpen mit ihren langen Wintern und kurzen Sommer waren und sind die Almen ein wichtiger Bestandteil der bäuerlichen Wirtschaft, da so die Wiesen im Tal gemäht und als Heuvorrat für den Winter eingelagert werden können. Die Almhirten waren nicht nur für die Übersömmerung zuständig, sie kümmerten sich um Auf- und Abtrieb, um die Versorgung und den Schutz des Viehs und um die Verarbeitung der Milch. In den Alpen gibt es bis heute alte Rechte an den Almweidegründen, die sich entweder im Besitz der Gemeinde, mehrerer oder einzelner Bauern befinden.

Bis zum 13. Jhdt. wurde das Vieh überwiegend im Wald geweidet. Bis zu Beginn des 19. Jahrhunderts war in bevölkerten Gegenden der Gegensatz zwischen offenem und Waldland nicht so eindeutig abgegrenzt, wie wir das heute kennen. Der Übergang war fließend. Dies läßt sich sehr gut auf alten Stichen und Bildern besonders aus Landschaften um Städte erkennen. Als die Bevölkerung zunahm, wurde immer mehr Wald gerodet, um Ackerland zu gewinnen. Der Wald als Weide fiel zunehmend weg.

Das gerade so ausreichende Ackerland musste vor den genäschigen Mäulern des Viehs beschützt werden.Teilweise geschah dies durch Einzäunung der Äcker, das war allerdings eine teure und aufwendige Sache. Die Bewachung des Viehs durch Hirten, die darauf achten mussten, dass das Vieh auf der richtigen Weide stand, war wesentlich leichter zu organisieren. Zudem konnte das Vieh mit einem Hirten auch auf entferntere Weiden getrieben werden. In den Alpen und Mittelgebirgen waren das die Almen, auf denen das Vieh übersömmerte, im Flachland handelte es sich um dorfferne Weiden, von denen das Vieh täglich zurückgebracht wurde, da die Milchverarbeitung sonst nicht gewährleistet war. Es gab auch viele Zwischenformen, da die Art der Viehwirtschaft den Gegebenheiten angepaßt wurde.

Das Bevölkerungswachstum hatte eine Vergrößerung der Siedlungen zur Folge. Aus Weilern wurden Dörfer, aus Dörfern Städte und das Land wurde knapp. Die Versorgung musste über die bäuerliche Wirtschaft erfolgen, bzw. ein Großteil der Bevölkerung versorgte sich selbst durch Acker- und Gartenbau, bzw. durch das Halten von Vieh. Bei großen Feudal- und Klostergütern sorgte der Grundherr dafür, dass die entsprechende Menge Getreide als wichtigstes Grundnahrungsmittel angebaut wurde. In den bäuerlichen Dorfgemeinschaften musste die Gemeinschaft sich selbst Regeln aufstellen, nach denen der Gemeindegrund bewirtschaftet wurde. Durch den knappen Boden, der zur Bebauung und Beweidung zur Verfügung stand, wurde der Grund je nach Größe der Hofstelle in Parzellen zugeteilt, das Vieh war Privatbesitz, es wurde gemeinschaftlich geweidet, ebenso wie Ackerland gemeinschaftlich bebaut wurde. Daraus entwickelte sich die Dreifelderwirtschaft, das bedeutet den Wechsel zwischen Wintergetreide, Sommergetreide, Brache im Dreijahresrhythmus.

Schafe im Wald

Trift bedeutet eigentlich das Treiben des Viehs über festgelegte Flächen zur Weide. Das Beweiden der Tiere dieser Flächen ist nicht immer erwünscht, da die Weiderechte anderweitig vergeben sein können oder die Weide durch den Eigentümer genutzt wird. Vielfach wird sie aber auch gleichgesetzt mit dem Weiden. Sie fand im Mittelalter zur Zeit zwischen Ernte und Säen statt, bzw. wenn der Acker brach lag. Dieser Beweidung kam nicht nur die Aufgabe zu, das Vieh zu ernähren, sondern auch den Boden zu düngen, so dass in Folge wieder Feldfrucht angebaut werden konnte. Der Kot (= Dung) war die einzige Form des Düngers, die man zur Verfügung hatte. Es entstand ein kompliziertes System, nach welchem in einem bestimmten Rhythmus alle Parzellen abwechselnd bebaut wurden, brach lagen und anschließend beweidet wurden, um so einerseits eine Überbeanspruchung und Auslaugung der Böden, andererseits aber auch eine Überbeweidung zu vermeiden. Aus dieser Weidewirtschaft heraus entwickelten sich die Trift- und Weiderechte, die teilweise bis Mitte des 20. Jhdts. Gültigkeit hatten.

Die Hunde spielten bei dieser Art von Weidewirtschaft eine wichtige Rolle. Die Äcker lagen um das Dorf und alle Parzellen lagen nebeneinander, nur getrennt durch schmale Raine oder Wege. Für das Vieh war es ein leichtes, von der eher mageren Wiese auf einen Kraut- oder Getreideacker überzuwechseln und sich dort gütlich zu tun. Menschen waren als Arbeitskraft zu wichtig, als dass man an jeder Seite der beweideten Parzelle Wächter hätte aufstellen können. Kinder, die öfter zu dieser Arbeit abgestellt wurden, waren zu unzuverlässig. Das Einfrieden der Koppeln oder Äcker kam schon deshalb nicht in Frage, da durch den übermäßigen Ackerbau der Wald zurückging. Außerdem war Holz die einzige Energiequelle zum Feuern, dadurch entstand ebenfalls eine Überbewirtschaftung der Wälder. Auch zum Bauen benötige man vor allem Holz. Es war also teuer und wurde für wichtigere Sachen benötigt als für Zäune, die beim Ackerbau wieder hinderlich waren. Die Hunde konnten einen lebenden Zaun bilden. Bei Herden, die nicht allzu groß waren, reichte in der Regel ein Hund aus, um die Tiere im Zaum und auf der richtigen Weide zu halten. Es gibt Berichte von Westerwälder Kuhhunden, die in der Lage waren, allein 500 Rinder bewachten.

Ziehende Herde: Wanderung von einer Koppel zur anderen

Als in Süd- und Mitteldeutschland die Wanderschäferei, bzw. die Fernweiden eine wichtige Bedeutung erlangten, wurden die Hunde unverzichtbar. In der Regel war das Vieh im Winter eingestallt, in der schneefreien Zeit, also ca. von März bis November musste es auf die Weide. In Gegenden, in denen auch im Winter das Vieh auf die Weide gebracht werden konnte, weil kein Schnee lag, kam dies auch dem Feldbau zugute, da so der Dung zu einer Zeit aufgebracht wurde, in der keine Feldarbeiten möglich waren. Die Viehbesitzer sparten sich dadurch zum Teil das mühsame Zufüttern im Winter. In manchen Dörfern war der Viehbestand zu groß für die eigenen Felder, in anderen gab es zu wenig. Der Austausch Weiderechte gegen Düngung durch das Weidevieh kam beiden entgegen. Es entstand ein System von Weiderechten, so dass besonders Schafe relativ leicht auf weiter entfernte Weiden getrieben werden konnten. Mit anderem Vieh geschah das eher nicht, da man z.B. bei Kühen die Milch vor Ort brauchte. Hier entwickelten sich Almwirtschaft oder Fernweiden, auf die das Jungvieh über den Sommer getrieben und dort gehalten wurde. Schafe wurden vor allem zur Wollgewinnung gehalten, Milch und Fleisch waren willkommene Nebenprodukte.

Abb.4: Mehrsiedlungssystem (Siedlungsverband) verknüpft mit Fernweidewirtschaft, Beispiel aus Mittelgriechenland (Entwurf C. LIENAU)

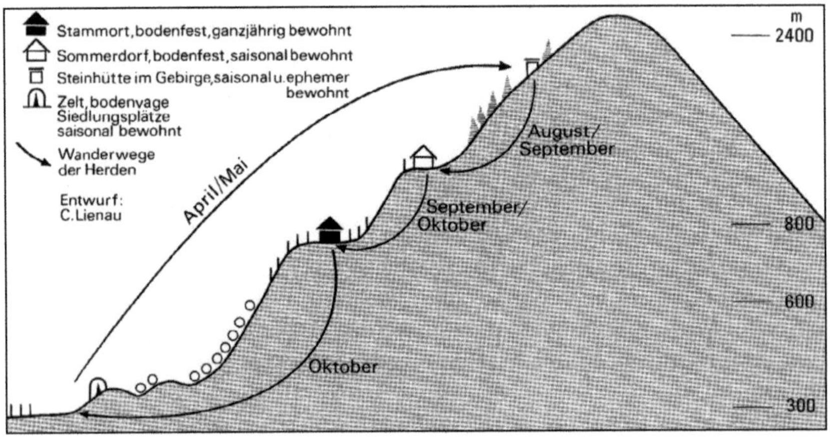

Quelle: „Die Siedlungen des ländlichen Raumes" Cay Lienau, Westermann Verlag, Das Geographische Seminar, S. 106

Ohne Hunde wäre eine Entwicklung der Wanderschäferei in diesem Ausmaß nicht möglich gewesen. Besonders nach dem 30jährigen Krieg, als manche Gegenden in Deutschland nahezu entvölkert waren, entwickelte sich die Schäferei zu einer wichtigen Einnahmequelle für die Landbevölkerung. Die weitreichenden Triftrechte, die zum Teil von Feudalgütern auf die Schäfer übertragen wurden, förderten dies.

Reste dieser Art von Viehwirtschaft bestehen noch heute, wenn Schafherden auf abgernteten Feldern, Streuobstwiesen und in Naturschutzgebieten gehütet werden. Bis weit ins 20. Jhdt. hinein war die traditionelle Form der Wanderschäferei in weiten Teilen Deutschlands noch ein fester Bestandteil der bäuerlichen Wirtschaft.

Schafe

Ein Schaf passt auf

Schafe sind relativ leicht zu halten. Sie sind genügsam und stellen keine hohen Ansprüche an die Weidegründe. Auch trockenes, hartes Gras, das Kühe verweigern, nehmen sie an, und sie können in Gebieten gehütet werden, die für andere landwirtschaftliche Nutzung nicht geeignet ist wie z.B. trockene Steilhänge. Sie sind leichter zu beeindrucken und nicht so wehrhaft wie Kühe, obwohl man den Aspekt der Wehrhaftigkeit bei Schafen nicht unterschätzen sollte. Zudem liefern sie wirklich alles, was man von einem Nutztier erwarten kann: Milch, Wolle, Fleisch und Leder und sie sind sehr reproduktionsfähig. Zwei bis drei Böcke, die in der Herde mitlaufen, sorgen dafür, dass die Schafe trächtig werden und regelmäßig lammen. Das bedeutet aber nicht, dass alles ganz problemlos vor sich geht. Bei Schafen kommen alle möglichen Krankheiten und Verletzungen vor, die man schnell und sicher heilen muss.

Die goldene Regel bei Schafen heißt: kein Schaf darf die Herde verlassen. Schafe reagieren deshalb in schwierigen Situationen normalerweise damit, dass sie sich alle auf einem Haufen zusammen drängen. Allerdings kann es auch passieren, dass sie in Panik auseinander rennen. Der große Verband der Herde kann einen Beutegreifer durchaus beeindrucken, besonders wenn die Schafe noch Hörner haben, sich also auch wehren können. Das Auseinanderrennen, wenn ein Beutegreifer direkt angreift, weil er sich vom Herdenverband nicht beeindrucken läßt oder weil ein ganzes Rudel angreift, kann man ebenfalls als Schutzfunktion verstehen. Denn wenn die Herde auseinanderstiebt, fällt es den Beutegreifern nicht so leicht, größeren Schaden anzurichten. Sie werden sich auf die langsamen, kranken, alten Tiere oder auf die Lämmer konzentrieren und keine gesunden, reporduktionsfähigen Schafe reißen. Für Menschen ist es sehr schwer bis unmöglich, flüchtende Schafe zurückzuhalten, es ist auch nicht so einfach, sie wieder einzusammeln. Für Hunde ist das schon deutlich leichter. Heutzutage ist ein Grund für ausbrechende Panik unbeaufsichtigte Hunde, die sich einen Spaß daraus machen, die Schafe zu scheuchen oder in die Herde eindringen.

Schafherde in der Alp (Sommerhüten)

Ab dem 30jährigen Krieg entwickelte sich die Schafhaltung in Deutschland zu einem wichtigen Wirtschaftszweig. So war zum Beispiel das Herzogtum Coburg defacto entvölkert. Eine wirtschaftliche Entwicklung war nur in der Landwirtschaft möglich, andere Wirtschaft oder Industrie gab es nicht. Die Schafhaltung konnte ohne großen Aufwand in den fast menschenleeren Gebieten betrieben und die Bevölkerung mit Milchprodukten, Fleisch und Wolle versorgt werden. Die Schafhaltung und Wanderschäferei spielten in Deutschland eine so bedeutende Rolle, dass sie bis Mitte des 20 Jhdts. erfolgreich betrieben wurden. Im 18. und 19. Jhdt. erlebte die Schäferei einen großen Aufschwung. Die Leibeigenschaft fand endgültig ein Ende und der Bedarf an Wolle war sehr groß, da die Bevölkerung stark angewachsen war. Es entwickelte sich eine blühende Tuchwirtschaft und Schafwolle war der wichtigste Grundstoff. Die Schäfereien boomten und Schäfer wurden wohlhabende Leute. Mit dem Aufkommen der Baumwolle, der Verwendung von Kunststoffen in der Textilindustrie, der schlechteren Vermarktung von Schaffleisch, z.B. durch Schutzzölle, die in Frankreich auf die Einfuhr von Schafen erhoben wurden, und der sehr viel billigeren Schafprdoukte aus Australien und Neuseeland änderte sich das ab Mitte des 19. bis Mitte des 20. Jhdts. zu Ungunsten der einheimischen Schäfer.

Heute spielt die Schafhaltung eine wichtige Rolle im Landschaftsschutz, die Fleisch- und Wollproduktion sind nicht mehr die Haupteinnahmequelle für die Schäfer, meistens werden Fleisch- und Wollprodukte direkt vermarktet. Auch die Nebenerwerbs- und Hobbyschäferei hat einen gewissen Boom erlebt. Besitzer von Border Collies befassen sich oft damit, um ihren Hunden eine „vernünftige" Auslastung zu gewährleisten. Allerdings ist diese Art der „hundeartgerechten" Auslastung für die Schafe häufig alles andere artgerecht, denn auch bei Schafen handelt es sich um fühlende und denkende Lebewesen mit konkreten Ansprüchen, die man als Schafhalter kennen und berücksichtigen muss. Schafe sind keine lebenden Treibbälle, die sich zum Amüsement von Hund und Halter auf der Erde herumtreiben. Der „eigene" Hund ist ihnen bekannt, sie können ihn gut einschätzen, auf jeden neuen Hund müssen sie sich erst einstellen. Auch schlecht bis gar nicht ausgebildete Hunde, die sich auf Seminaren mit Schafen befassen dürfen, ohne zu wissen, was sie da tun, gehören ganz sicher nicht zu dem, was Schafe zu einem guten Leben benötigen. Und ob diese Art der Auslastung für die Hunde wirklich das Wahre ist, kann man dahingestellt sein lassen.

Wanderschäferei

Wanderschäferei ist eine Form der Transhumanz, die sich zuerst in Württemberg entwickelt hat. Dabei zieht der Schäfer mit seiner Herde sehr weit vom Schafhof weg auf entferntere Weiden, für die er Weiderechte hat. Dabei bleibt die Herde aber nicht stationär wie bei der Almwirtschaft nur auf dieser Weide, sondern es werden nach einem festgelegten Plan verschiedene Weidegründe abgeweidet. In der Regel werden diese Wanderungen im Sommer durchgeführt. Im Spätsommer zieht die Herde zurück und weidet so lange auf eigenen Weidegründen, bis sie u.U. eingestallt werden muss. Der Schäfer befindet sich die ganze Zeit bei der Herde, er kehrt während dieser Zeit nicht nach Hause zurück. Da Schafe sehr empfindlich und mit Krankheiten darauf reagieren, wenn sie über einen längeren Zeitraum auf dem gleichen Weidegrund stehen, spielt die Wanderschäferei, bzw. die stationäre oder halbstationäre Hütehaltung nach wie vor eine wichtige Rolle. Die Wanderungen werden heute anders durchgeführt.

Mit Hunden und Herde beim Ziehen bergauf

Viele Schäfer haben Grund am eigenen Hof in Pacht oder als Eigentum, auf dem die Schafe zum Teil geweidet werden. In Gegenden wie dem Allgäu werden sie über den Winter eingestallt und nur einige Stunden täglich auf die Weide getrieben, wenn der Schnee nicht allzu hoch und nicht zu stark gefroren ist, so dass sie ihn wegkratzen und grasen können. Im Sommer werden die Herden per LKW dorthin gebracht, wo sie, wie etwa auf der Schwäbischen Alb, den ganzen Sommer über bleiben, nachts eingepfercht und täglich ca. 10-12 Stunden zum Weidegang geführt werden. Das bedeutet, dass der Schäfer mit ihnen ab der Koppel eine Runde von 5-6 Kilometern über verschiedene Wiesen zieht, die die Schafe abweiden können. Ein guter Schäfer weiß, wie lange die Schafe auf jeder Wiese stehen können, so dass sie mehrere Tage dort Futter finden. Wenn dieses Gebiet abgeweidet ist, wandert der Schäfer einen Tag weiter ins das nächste Weidegebiet. Die Gebiete werden nach den Ansprüchen der Schäfer aufgeteilt. Bei guter Einteilung kann eine Herde einen Sommer so ein Gebiet 3-4mal beweiden. Dadurch wird der Bewuchs niedrig gehalten und typische Kulturlandschaften werden bewahrt.

Hut auf dem Stock bedeutet: Pause

Auch in anderen Bundesländern wird dies ähnlich gehandhabt. Die alten Formen der Wanderschäferei sind seit Mitte des 20. Jhdts. nicht mehr üblich und auch nicht mehr notwendig. Die Schafhaltung ist zurückgegangen, so dass auch verschiedene alte Schafrassen auf der Roten Liste der GEH (Gesellschaft zur Erhaltung alter Haustierrassen) stehen. Koppelschafhaltung hat enorm an Bedeutung gewonnen, deshalb kommt der Border Collie auch bei uns zunehmend zum Einsatz. Das bedeutet aber, dass nur noch marginale Reste der traditionellen Wanderschäferei vorhanden sind und damit auch die Bedeutung der Hunde so stark zurückgegangen ist, dass Schäfer, die Hunde für ihren täglichen Broterwerb benötigen, immer weniger gute Hütehunde bekommen können.

Arbeitende Hütehunde in Deutschland

Was uns im folgenden beschäftigen wird, ist nicht der Ablauf für die Schafe, sondern die Arbeit der Hunde, also Lammen, Aufzucht der Lämmer, Scheren, Schlachten, diese Dinge werden hier nur besprochen, soweit sie die Hunde betreffen oder wenn nähere Erklärungen für das allgemeine Verständnis notwendig sind.

1. Wanderschäferei im 21. Jahrhundert

„Will weiden gehn,
lange Zeit allein
weit über Moor und Heide.
Lang ist der Tag
und der Magen leer
schmal ist das Mahl im Beutel"
(Hirtenlied aus Schweden)

Im ursprünglichen Sinn gibt es Wanderschäferei in Deutschland heute so gut wie nicht mehr. Das würde bedeuten, dass der Schäfer mit seinen Tieren tatsächlich über Monate hinweg durch das Land zieht und auf Weiden halt macht, die er sich vertraglich gesichert hat. Der Aktionsradius von Schäfer und Herde kann dadurch hunderte von Kilometern betragen. In dieser Zeit kommt der Schäfer auch nicht nach Hause zurück, da sonst die Tiere über Tage hinweg unbeaufsichtigt bleiben müssten. Was wir heute in Deutschland vorfinden, ist eine „stationäre Hütehaltung", die die traditionelle Wanderschäferei abgelöst hat.

Die Winterweide

Der Schäfer nützt die Winterweide, wenn es irgend möglich ist, wenn also nicht zu viel Schnee liegt. Für die Tiere ist Bewegung gesund, er muss weniger zufüttern und im Stall verschmutzt die Wolle leichter, im Schnee bleibt sie sauber. Der Hütetag dauert im

Winter nicht lange, vielleicht 4-5 Stunden. Da das Hüten jetzt keine großen Ansprüche an den Hund stellt, braucht er dazu nur einen, allerdings nimmt er gerne auch einen jungen Hund mit, damit der beim Zuschauen den Hüteablauf sieht und lernt. Um seine Schulter hat er eine Koppel an einem Riemen hängen, ähnlich einer Jägerleine, daran sind zwei Ketten mit Karabinern befestigt. Den zweiten Hund hat er in der Regel an der Koppel, damit er nicht selbständig irgend einen Unsinn macht, die Herde durcheinander jagt und sich Fehler beibringt, die nur schwer auszubügeln sind.

Wenn die Hunde beide angeleint sind, müssen sie über einen längeren Zeitraum sehr nah neben dem Schäfer gehen oder stehen, sie haben nicht die Möglichkeit sich abzusetzen oder sich zu entfernen. Wenn beide Hunde so eng aneinander gebunden sind, müssen sie schon großes Vertrauen in den Schäfer haben, da nicht unbedingt alle Hunde, die zusammen leben und arbeiten, auch befreundet sind. Für den Schäfer ist diese Art die Hunde an der Leine zur führen einfach und praktikabel, da sich keine Leinen verwickeln können und er auch nicht darauf achten muss, was die Hunde gerade so treiben. Sie sind in seinem unmittelbaren Einwirkungsbereich und müssen selbst darauf achten, sich seinen Bewegungen anzupassen.

Zwei Hunde an der Koppel beim Leistungshüten in Mark Gröningen

Die genaue Kenntnis der Flurgrenzen ist jetzt von großer Bedeutung. Mit den Bauern ist abgesprochen, was abgeweidet werden darf, zum Teil sind die eingesäten Felder auch mit Strohbüscheln oder Fähnchen gekennzeichnet. Hund und Schäfer müssen jede Andeutung von Grenze zwischen Weide und Feld erkennen und entsprechend handeln.

Zum Teil sind diese Grenzen den Hunden von der Hütearbeit im Herbst bekannt. Man kann davon ausgehen, dass die geruchliche Unterscheidung eine große Rolle spielt: eine Ackerfläche riecht auch im Winter anders als eine Wiese oder ein geteerter Weg.

Solange die Schafe im Stall stehen, z.B. wenn das Wetter zu schlecht ist, um rauszugehen, sind die Hunde mehr oder weniger arbeitslos. Zwar nehmen manche Schäfer ihre Hunde mit in den Stall und es gibt viele Hunde, die angegebene Tiere von den anderen trennen können. Es gibt über die Herde laufende Hunde, wie Kelpies oder Cattle Dogs. Dazu springen die Hunde auf den Rücken der Schafe, die dicht an dicht stehen. Das tun die Hunde, um schneller dorthin zu kommen, wo sie der Schäfer hinschickt, z.B. zu dem Schaf, das er aus der Herde aussondern möchte. Aber in der Regel arbeiten die deutschen Schäfer im Stall ohne Hunde.

Normalerweise leben die Hunde nicht im Haus, sondern werden in Zwingern gehalten, wenn möglich auch zu zweit oder zu mehreren, so wie sie sich eben vertragen. Wenn keine Weidegänge anliegen, bedeutet das, dass die Hunde im Zwinger sind und nichts zu tun haben. Verantwortungsbewußte Schäfer arbeiten in dieser Zeit mit ihren Hunden, um z.B. in der Ausbildung bei jungen Hunden voran zu kommen oder um Fehler bei älteren Hunden herauszuarbeiten. Sie stellen Situationen, bei denen sie kontrolliert mit dem Hund arbeiten können, so wie man das in jeder Ausbildung macht. Der Tagesablauf ist für die Hunde also nicht so abwechslungsreich, da die Ausbildung nur kurze Zeit in Anspruch nimmt und sie ansonsten nicht viel zu tun haben. Um so mehr freuen sich die Hunde, wenn das Wetter einen Weidegang zulässt.

Für die Hunde ist von großer Bedeutung, dass sie im Winter beim Hüten wesentlich öfter Kontakt mit anderen Menschen und Hunden haben, da der Schäfer nicht über abgelegene Wiesen zieht, sondern näher am Stall bleibt und deshalb an Nebenstraßen und Wanderwegen seine Tiere weiden lässt. Es wird nur bei einigermaßen schönem Wetter und niedriger Schneedecke ausgezogen, die Schafe müssen ja in der Lage sein, den Schnee vom Gras weg zu kratzen und bei schlechtem Wetter fressen sie schlecht bis gar nicht. An sonnigen Wintertagen ist aber in der Nähe von Ortschaften mehr los, Spaziergänger mit Hunden, Mütter mit schlittenfahrenden Kindern, Langläufer, alles mögliche zieht dort seine Bahnen. Für die Hunde ist das eine wesentlich größere Belastung als im Sommer, wenn sie relativ isoliert von der Welt auf abgelegenen Weiden in der Schwäbischen Alb, im Thüringer Wald oder in der Lüneburger Heide unterwegs sind. Die Schäfer sind um diese Begegnungen froh, da sie die Hunde im Umgang mit fremden Menschen und Hunden sicherer machen.

Schäfer mit Spaziergängerin und Hunden

Vor allem bei Begegnungen mit fremden Hunden kann es zu Schwierigkeiten kommen. Natürlich ist ein Hütehund nicht immer erfreut, wenn er einen Artgenossen sieht, der sich vielleicht auch noch für seine Schafe begeistert. In der Regel sind Hütehunde auch deshalb nicht besonders interessiert an Kontakt mit anderen Hunden, weil sie mit ihrer Arbeit beschäftigt sind. Wenn aber der fremde Hund Interesse zeigt, am Schäfer, den Schafen oder dem Hund, dann kann es schon schwierig werden. Normalerweise holen die Schäfer ihre Hunde zu sich, aber das tun sie nicht gerne. So wird der Hund unnötig auf eine Situation aufmerksam gemacht, die eigentlich ohne große Aufregung vorüber gehen sollte. Außerdem sind die Schafe in dieser Zeit ohne Aufsicht und dies nützen sie auch sofort aus, was wieder mehr Arbeit für den Hund bedeutet. Angst muss man vor Hütehunden aber nie haben. Zum einen ist ihre Umwelt nur am Rande für sie von Bedeutung, solange sich nichts störend in ihre Arbeit einmischt. Zum anderen sind die Hunde in der Regel sehr gut im Gehorsam und folgen aufs Wort. Wer also an einer Herde mit Schäfer und Hund in aller Ruhe und in einer vernünftigen Entfernung vorbeigeht, wird keine Probleme haben, und wer einen Hund dabei hat, nimmt ihn selbstverständlich an die Leine.

Das Frühjahr

Im Frühjahr hat der Schäfer sehr viel auf dem Hof zu tun, da jetzt die Schafe lammen. Er zieht nur mit den jungen Schafen und Böcken auf die Weide, wenn er überhaupt Zeit hat. Es kommt noch dazu, dass im Frühsommer die Schur ansteht und das Fell im Stall sauberer bleibt. Jetzt ist das Hüten sehr schwierig. Die kleinen Lämmer sind so dumm und unbeholfen, sie wissen noch überhaupt nicht, worauf es beim Weiden und beim Ziehen ankommt und damit bringen sie den ganzen Verein ordentlich durcheinander. Was für den unbedarften Beobachter süss und putzig aussieht, versteht der Hütehund als Störung seiner Arbeit und da kann er schon mal sehr ungehalten reagieren. Der Schäfer ist jetzt gefordert, sehr auf seinen Hund zu achten, denn so ein zartes Lämmchen hält dem grob gesetzten Griff eines Hundes, vor allem wenn dieser dann auch noch das Tierchen schüttelt, nicht so leicht stand. Ein Hütehund darf aber niemals ein Schaf oder Lamm ernsthaft verletzen. Für die Hunde, die im Winter bei der Stallarbeit dabei waren, ist es etwas einfacher, da sie einerseits besser ausgelastet sind, andererseits kennen die früher geborenen Lämmer die Hunde schon und sind dadurch beim Ausziehen ruhiger. Unterbeschäftigte oder eben auch sehr jagdfreudige Hunde neigen aber zu unzulässigen Übergriffen. Frisch geborene Lämmer werden nie mitgenommen, bzw. der Schäfer hält die Mutter und ihr Lamm solange von der Herde getrennt, bis das Lamm in der Lage ist, mit zuziehen.

Die Sommerweide

Der Sommer ist für die Schafe eine gute, für den Schäfer und seine Hunde eine anstrengende Zeit. Der Schäfer muss sich neben dem Hüten um das Heu für den Winter kümmern. Bei Direktvermarktern kommt das Schlachten und Wursten dazu. Im Frühsommer steht die Schur an, bei der sich die Schäfer gegenseitig helfen. Und zusätzlich bleiben die Schafe täglich bis zu acht, neun Stunden auf der Weide. Der Schäfertag und damit der Tag des Hundes ist also sehr lang.

Üblicherweise haben die Schäfer eine Route, d.h. sie gehen ein bestimmtes Gebiet im Laufe des Sommer 2-3mal ab. Im Grunde ist es das, was moderne Wanderschäferei (= stationäre, bzw. halbstationäre Weidewirtschaft) ausmacht. Nicht jeder Schäfer hat das Glück, gleich neben seinen Weiden wohnen zu können. Sie können sich um Naturschutzflächen bewerben, die zum Erhalt der Landschaft regelmäßig abgeweidet werden müssen. Dafür bekommen sie Prämien. Aber es ist auch klar, dass diese Weidegründe meistens nicht unmittelbar neben ihrer Haustüre liegen, im Gegenteil sind oft relativ weite Anreisen notwendig, so dass die Herde per LKW dort hingebracht wird und der Schäfer täglich pendelt.

Weidepause an einem alten Schafstadel in der Schwäbischen Alp

In vielen Fällen ist es bei den Schäfern üblich, jeden Vormittag 50 - 100 Kilometer zu den Schafen und abends wieder nach Hause zu fahren. Die übrige Arbeit muss vorher erledigt werden. Manche Schäfer, vor allem Schäfereigenossenschaften haben bei den Schafen einen Wohnwagen stehen, in dem der Schäfer übernachtet. Die Genossenschaften haben mehrere Schäfer, die sich beim Hüten abwechseln. Der Hütetag beginnt am späten Vormittag, es wird ausgepfercht und der Weidetag beginnt. Geweidet wird so lange, wie es zum Hüten hell genug ist. Zu Beginn und am Ende der Hütens kontrolliert der Schäfer die Schafe, er muss sich morgens vergewissern, ob ein Schaf gelammt hat. Üblicherweise kommen die Mutterschafe kurz vor dem Ablammen zwar in den Stall, trotzdem kann das mal übersehen werden. Im Laufe des Tages beobachtet er auch, ob sich ein Schaf verletzt hat oder „trauert", d.h. es frisst nicht und macht einen unwohlen Eindruck. Kranke und verletzte Schafe werden dann versorgt oder abends im Auto oder Hänger in den Stall mitgenommen.

Je nachdem, welches Gebiet er beweiden will, werden die Schafe abends wieder auf der gleichen Fläche eingepfercht. Das Einpferchen über mehrere Nächte hat für den Besitzer der Wiese den Vorteil, dass hier sehr intensiv Schafdung aufgebracht wird. Wenn allerdings das Gebiet bereits abgeweidet ist, wird er im Laufe des Tages weiterziehen und die Schafe abends an einer neuen Stelle einpferchen. Hört sich ganz locker an, ist es aber nicht. So muss er sein Auto und den Weidezaun dahin bringen, wo die Schafe die Nacht über bleiben sollen. Er braucht einen Helfer, der ihm den Zaun bringt und ihn danach zu seinem Auto zurückfährt. Dann muss er bei der Wanderung bedenken, ob er eine größere Straße, z.B. eine viel befahrene Bundesstraße oder eine Bahnstrecke überqueren muss. Um wenigstens den Schwerlastverkehr zu vermeiden, gehen die Schäfer lieber am Wochenende über Bundesstraßen. An Tagen von Straßenüberquerungen sind seine Hunde ganz besonders gefordert, er muss also darauf achten, dass die Hunde an diesen Tagen ausgeruht und fit sind. So eine Straßenüberquerung dauert zwar nicht lange, aber der moderne Mensch, der es gnadenlos eilig hat, zu seiner verdienten Wochenendentspannung zu kommen, hat oft nicht mal diese paar Minuten Zeit, stehen zu bleiben und abzuwarten, bis die Herde über der Straße ist. Die Bewältigung einer Bahnstrecke ist schon deshalb nicht einfach, weil er mit der Herde nicht einfach über die Gleise ziehen kann, er kennt ja den Fahrplan nicht. In der Regel wird er also versuchen, einen Bahnübergang zu finden, über den er die Herde ungefährdet bringen kann. Deshalb bringen viele Schäfer die Schafe per LKW ins neue Weidegebiet.

Steht jetzt der Schäfer mit der Herde an einer Straße und es dauert sehr lange, bis endlich mal jemand stehenbleibt und ihn durchlässt, besteht die Gefahr, dass sich die Herde hinter ihm ausbreitet. Normalerweise zieht die Herde schmal. Das macht sie für Mensch und Hund überschaubar. Eine Herde, die sich ausbreitet, will stehenbleiben und weiden, sie verzettelt sich und wird für Mensch und Hund schwer kontrollierbar. Es ist für den Schäfer also ausserordentlich wichtig, dass er zu einem Zeitpunkt die Straße überquert, wenn möglichst wenig Verkehr ist und er sofort ohne Aufenthalt weiterziehen kann. Die Hunde müssen bei dieser Gelegenheit dafür sorgen, dass die Herde schmal und zügig die Straße überquert. Die Schafe dürfen dabei nicht in Unruhe geraten und die Hunde müssen ruhig und besonnen handeln.

Ziehender Schäfer

Der Schäfer geht der Herde immer voran, er „zieht" die Herde, die Hunde arbeiten an den Seiten. Hinter den Schafen geht üblicherweise niemand. Wenn den Schafen hier jemand - sei es ein Hund, sei es ein unbekannter Mensch - zu nahe kommt, besteht die Gefahr, dass sie unruhig werden und ausbrechen. Im Sommer kann die Herde schon mal an die 1000 Tiere zählen. Wenn jetzt am Ende der Herde Unruhe entsteht, kann das für den Schäfer und die Hunde ziemlich mühsam werden, wieder Ruhe hereinzubringen. Der Schäfer muss rückwärts weitergehen, damit er die Schafe im Auge behalten kann, der Hund läuft zurück, um die ausgebrochenen Schafe zusammen zu holen und wieder Ruhe in den Zug bringen.

Auch wenn die Herde eine Strecke an der Straße entlang zieht, muss das in einem gewissen Tempo gehen, damit die Tiere nicht stehenbleiben, sondern weiterlaufen. Und trotz aller Bemühungen der Hunde, die Herde schmal zu halten, kann nicht immer gewährleistet werden, dass nur eine Fahrbahnhälfte von der Herde eingenommen wird. Ungeduldige Autofahrer, die die Tiere dann - womöglich noch hupend - in möglichst hohem Tempo überholen, sind hier nicht sehr hilfreich und besonders überlegt ist dieses Handeln auch nicht. Jedes Jahr sterben Hunde in diesen Situationen. Die Aufgabe des Hundes ist es, zwischen Verkehr und Herde zu pendeln, um die Schafe daran zu hindern, in die Autos zu laufen, die Hunde splitten und schützen die Herde. Wenn ein Hund jetzt in so einer Situation angefahren und verletzt oder gar getötet wird, weil irgend ein eiliger Mensch nicht die paar Minuten abwarten kann, bis die Herde abbiegt, und ich kann Ihnen versichern, kein Schäfer geht freiwillig und zu seinem Vergnügen mit seiner Herde stundenlang auf einer deutschen Straße spazieren, dann gibt es in meinen Augen keinen Grund, dies zu entschuldigen oder zu beschönigen. Das ist einfach rücksichtslos und zeugt von herzlich wenig Respekt vor der Arbeit anderer Menschen und dem Leben von Tieren. Ein ausgebildeter Hütehund ist nicht nur sehr teuer, Sie können durchaus von einem vierstelligen Betrag bei einem guten Hund ausgehen, er ist auch ein Freund des Schäfers und seiner Familie und er ist sein wichtigster Helfer beim Broterwerb und nicht von jetzt auf gleich zu ersetzen.

Darum meine große Bitte: Wenn Sie einem Schäfer in irgendeiner Situation im Straßenverkehr begegnen, nehmen Sie Rücksicht auf ihn, seinen Hund und seine Arbeit. Er läuft hier nicht herum, um Sie und die anderen Verkehrsteilnehmer zu nerven, sondern er tut seine Arbeit.

Verkehrsteil beim Leistungshüten in Mark Gröningen

Wanderung von einer Koppel zur anderen

Nicht jeder Schafhalter arbeitet hauptberuflich als Schäfer. Es gibt immer wieder Menschen, die sich neben ihrem Alltag einen naturverbundenen Ausgleich suchen. Eine Alternative, wenn man genügend Platz und Weidemöglichkeiten hat, ist die Haltung von Schafen. Mit ursprünglicher Wanderschäferei hat das normalerweise nichts zu tun. Meistens handelt es sich um ein Zwischending von halbstationärer Hüte- und Koppelhaltung.

Im Sommer 2005 begleitete ich einen jungen Schäfer auf seiner Wanderung von einer Schafskoppel zur anderen. Der junge Mann ist von Beruf Metzger und hatte die Herde von einem alten Schäfer einige Jahre zuvor übernommen. Seine Schafe standen immer einige Tage auf einer Weide und wurden dann auf die nächste Koppel gebracht. Für diese Arbeit braucht man nicht unbedingt einen Hund. Es waren eine junge Frau und ein junger Mann dabei, das würde eigentlich ausreichen. Der Schäfer hatte anfangs immer den Hund des alten Schäfers „ausgeliehen" und wollte, nachdem der zu alt wurde, nicht auf einen Hund verzichten. Der alte Hund war ein Strobel und war 2005 17 Jahre alt und immer noch fit.

Der neue Hund, ein getigerter Strobelrüde, war 2005 drei Jahre alt, für einen Hütehund ungewöhnlich groß und nicht rein schwarz, sondern hatte leicht getigertes Fell, deshalb nannte ihn der Schäfer „Tiger". Die Ausstrahlung dieses Hundes kann man kaum beschreiben. Wenn ich jemals versucht war, ein Tier mit „Majestät" anzusprechen, dann war das bei diesem Hund. Dabei ging es ihm an diesem heißen Julitag nicht besonders gut, er litt ganz offensichtlich unter der Hitze, und obwohl er normalerweise ein fröhlicher Arbeiter war, vernachlässigte er während der Wanderung immer wieder seine Pflichten. Für den Schäfer ist das keine leichte Situation. Einerseits braucht er den Hund und der Hund muss arbeiten, er kann ihm nicht so ohne weiteres „bequeme" Anwandlungen durchgehen lassen. Der Hund ging z.B. relativ häufig hinter der Herde, wo die junge Frau lief, ganz offensichtlich suchte er ihre Nähe. Das darf er aber nicht, da das problematisch für die Schafe werden kann. Andererseits soll der Hund aber natürlich seine Arbeit gern und fröhlich machen. Strobel sind sehr bellfreudig, das umschreiben die Schäfer poetisch mit: „da ist Musik dabei." Davon war an diesem Tag nichts zu merken. Die Ursache, dass es dem Hund schlecht ging, ist eventuell in seiner Größe zu suchen. Hütehunde sollten eher mittelgross sein, Tiger war ein ausserordentlich grosser und damit auch relativ schwerer Hund. Vermulich wusste der Vorbesitzer, dass der Hund aus gesundheitlichen Gründen nicht gut für die tägliche Hütearbeit geeignet war und hat ihn deshalb verkauft.

Tiger an der Tränke vor den Schafen

Mit Ach und Krach erledigte Tiger seine Arbeit. An diesem Tag benötigte er ungewöhnlich viele Kommandos und Anweisungen seines Schäfers. Später hat er dieses Verhalten nie wieder gezeigt. Dieses Beispiel macht deutlich, dass auch Hütehunde, die gut erzogen, arbeitsfreudig und arbeitswillig sind, Tage haben, an denen einfach nichts funktioniert. Denn auch ein Hütehund kann mal krank werden oder einen schlechten Tag haben. Und damit muss der Schäfer dann klar kommen.

Wir mussten ca. 10 Kilometer mit der Herde laufen. Das war weder für die Menschen noch für die Tiere bei Temperaturen von über 30° C ein Vergnügen. Solange es noch kühle Waldstraßen entlang ging, liefen auch die Schafe einigermaßen gleichmäßig. Alle

2-3 Kilometer wurde eine kurze Rast von etwa 30 Minuten eingelegt, bei der die Schafe weiden konnten. Dazu wurden sie auf Streuobstwiesen oder Randwiesen am Wald geführt. Während auf den begrenzten Straßen die Arbeit des Hundes relativ einfach war, da die Schafe sich im Wald nicht unbedingt zum Weiden ausbreiten, war es bei den Pausen seine Aufgabe, sie auch dort zu halten, wo sie weiden sollten. Der Weinberg oder der Krautacker nebenan war tabu. Dieser Aufgabe kam Tiger nur sehr zögerlich nach, er suchte ständig den kühlen Schatten. Sehr schwierig wurde es auf einer großen Streuobstwiese, die in der prallen Sonne lag. Wiederholt musste er vom Schäfer aufgefordert werden, die Schafe aus dem Weinberg nebenan herauszuholen.

Der Schäfer ermahnt Tiger im Weinberg

Ein schwacher Hütehund wird von den Schafen leicht erkannt. Schafe müssen als Beutetiere ihre potentiellen Feinde gut kennen und einschätzen können. Sie sind nicht vollkommen wehrlos und eine Herde, die sich einem Hund entgegenstellt, ist nicht zu unterschätzen. Auch wenn sie eher fliehen als angreifen oder sich wehren, nähert sich der Hund einer Herde ungern, wenn er sich seiner Überlegenheit nicht sicher ist. Bei Tiger zeigte sich das so, dass er beim Vorbeiziehen an einem bestellten Acker viel zu weit ins Feld hineinging und dadurch die Schafe in den Acker eindringen konnten. Wenn Schafe eine Köstlichkeit wie Rüben vor der Nase haben, ist die Gefahr groß, dass sie anfangen zu weiden. Dadurch wird die Herde auf der Wanderung gestoppt und man macht sich auch keine Freunde unter den Bauern. Erst nach einer längeren Pause auf einem Hof, der Wasser für die Tiere bereitstellte, und nachdem Tiger ausgiebig getrunken hatte, hatte er sich soweit erholt, dass die restlichen 2 Kilometer gut bewältigt werden konnten.

Wenn der Hund zu weit weg ist, fangen die Schafe an zu naschen

Es gibt bei Schäfern immer wieder die Möglichkeit, einen Hund zu bekommen, der zwar seine Arbeit bereits gelernt hat, aber nicht wirklich für den Schäfer geeignet ist, sei es aus gesundheitlichen Gründen, wie es vermutlich bei Tiger der Fall war, oder weil er mit dem Hund nicht klar kommt. Wenn man die Möglichkeit hat, seinen Hund durch diese Art von Arbeit an einer eigenen, kleinen Herde auszulasten, kann man durchaus daran denken, sich einen bereits arbeitenden Hund zu holen. Ansonsten ist dringend davon abzuraten, da der Hund den Hütealltag braucht wie das liebe Brot. Für Tiger lagen die Anforderungen am untersten Level. Wenn er ein paar Tage hintereinander nicht zum Arbeiten kam, blieb seinen Besitzern nichts anderes übrig, als ihn einzusperren oder ihn auch mal kurzfristig anzuketten, da er bei jeder Gelegenheit auf und davon war und wilderte. Spaziergänge von 2 und mehr Stunden waren für ihn gerade mal Aufwärmtraining, abgesehen davon, dass er geistig nicht ausgelastet war.

Herbst auf der Schwäbischen Alb

Im Herbst kann der Schäfer beim letzten Rundgang alles abweiden lassen, da er in dieses Gebiet vor dem Frühsommer nicht mehr kommt. Anschliessend werden die Schafe im Mittelgebirge auf die Winterweide ins Unterland gebracht. Dort werden abgeerntete Felder, Obstwiesen oder die Wiesen des Schäfers abgeweidet. Die Hunde arbeiten ähnlich wie im Winter oder Frühjahr, der Tag wird leichter für sie und hat nicht mehr so viele Stunden. Jetzt machen sie sich mit den Grenzen der frisch eingesäten Felder vertraut, die sie ja kennen müssen, wenn der erste Schnee kommt.

Bauwagen

Dieses Herbsthüten erlebte ich bei bei einem Schäfer, der bei einer Schäferei in der Schwäbischen Alp angestellt war und mit eigenen Hunden hütete. Mit seiner Frau und zwei Kindern lebte er vom späten Frühjahr bis zum Herbst in zwei Bauwagen, die beim Schafstall standen. In einem dieser Bauwagen habe ich übernachtet und ich habe noch selten so gut geschlafen, wie in dieser Nacht in einem offenen Bauwagen ohne Strom und Heizung, aber gut bewacht von Shime, Luna und Pasu.

Stall

Die ersten Arbeiten mussten morgens im Stall erledigt werden, hier werden die Mutterschafe versorgt, die frisch abgelammt haben. Die Schäfer regeln die Geburten dadurch, dass sie die Böcke zu bestimmten Zeiten bei der Herde mitlaufen lassen. Das hängt davon ab, wann sie das Lammfleisch am besten verkaufen können. Bei diesem Schäfer kamen im Herbst mehr Lämmer zur Welt als im Frühjahr oder Sommer.

Erst gegen Mittag fuhren wir zu der eingepferchten Herde. Der erste Gang war ein Kontrollgang durch die Herde, ob in der Nacht Lämmer geboren worden waren. Normalerweise sondert der Schäfer die Mutterschafe rechtzeitig aus und bringt sie vor der Geburt in den Stall, aber es kann schon mal vorkommen, dass das übersehen wird. Die Mütter mit ihren Lämmern werden in einem Hänger aufbewahrt, bis der Schäfer wieder zurückfährt, also bis nach dem Weidegang. Die Lämmer sind noch viel zu klein und zu zart um mitlaufen zu können. Bis alle Lämmer gefunden und verstaut sind, müssen die Hunde draußen bleiben. Der frische Blutgeruch könnte sie durchaus dazu verführen, das Lamm als Mahlzeit zu betrachten. Es wurden von seinen drei Hunden auch alle Stellen ausgiebig beschnüffelt, an denen die Lämmer gelegen hatten.

Die Hunde des Schäfers in der Koppel an den Stellen, wo die Lämmer waren

Diese Hunde waren immer draußen, ich glaube nicht, dass sie schon mal ein Haus von innen gesehen haben. Hütehunde werden häufig an der Kette gehalten. Sie lagen jede Nacht an der Kette. Sie hatten zwar Hütten, in die sie sich aber so gut wie nie legten und sie gehörten - trotz Kette - zu den glücklichsten Hunden, die ich kenne: die Strobelhündin Luna, die Fuchshündin Shime und der Fuchsrüde Pasu. Shime gehört zu denen, die ohne Schafe und Arbeit todunglücklich wären. Ich habe den Schäfer auf einem Hütewettbewerb kennengelernt, die Richter haben ihn darauf aufmerksam gemacht, dadass seine Hündin Shime eigentlich viel zu viel rannte, bis zu 80 Kilometer am Tag

Shime in der selbstgelaufenen Furche: die Trennung zwischen Wald und Weide ist nicht klar erkennbar, also legt sie die Grenze selber fest

waren bei ihr „normal". Das ist aber unökonomisch, weil der Hund dadurch natürlich sehr viel schneller verschlissen wird. Sobald der Schäfer Halt machte und die Schafe zu grasen begannen, fing diese Hündin ohne jedes Kommando an, in der Furche zu gehen. Unter „Furche" versteht man die Trennlinie zwischen Herde und Flur, bzw. Straße also den Bereich, den die Schafe nicht beweiden dürfen. Wenn keine da war, lief sie sich ihre Furche selber. Die beiden anderen Hunde lagen in der Zeit beim Schäfer, ohne Koppel, sie fanden es offenbar todschick, dass sie nicht soviel arbeiten mussten, es wurde ja alles für sie erledigt. Wenn Shime Ruhe geben sollte, musste sie angebunden werden, von sich aus rannte sie immer weiter.

Hänger mit Schafen

Die Wanderung ist nicht sehr lang, da die Schafe wirklich alles abweiden können und nichts für die nächsten Tage da sein muss. Deshalb sucht der Schäfer jetzt eine Wiese, die groß genug ist, damit seine Tiere satt werden. Nach einigen Stunden kommen sie zurück in den Pferch und der Schäfer bringt die Mütter mit ihren Lämmern in den Stall.

2. Hütewettbewerbe

Hütewettbewerbe sind keine Erfindung der Neuzeit. Dass Schäfer sich einmal im Jahr treffen, ihre Tiere - Schafe und Hunde - vergleichen, kaufen und verkaufen, das ist eine alte Geschichte, vielleicht so alt wie die Schäferei selber. Die meisten Schäfer züchten ihre Hunde selber. Sie sind deshalb an Zuchtrüden für ihre Hündinnen oder an geeigneten Partnerinnen für ihre Rüden interessiert. Verbunden ist das Ganze mit einem kleinen Jahrmarkt, es gibt etwas zu essen und zu trinken, alle möglichen Dinge werden verkauft, Kleidung und Hüte, Zubehör und Werkzeug für Schäfer, Bücher vom Schafzuchtverband, Produkte aus Schaffleisch, Wolle und Milchprodukte. Es geht recht lustig zu und auch Schäfer, die nicht teilnehmen, tragen ihre traditionelle Kleidung.

Verkehrsteil in Mark Gröningen

Für die Tiere ist es nicht immer lustig. Die Herde besteht aus 500 Schafen, die ca. 1 Woche vorher von einer größeren Herde abgetrennt wurden. Es dürfen keine trächtigen Schafe und keine neugeborenen Lämmer dabei sein. Schafe, die von ihrer Herde getrennt wurden, fühlen sich nicht besonders wohl, sie fühlen sich nackt. Deshalb muss die Trennung eine Woche vorher passieren, damit sie sich einigermaßen an diesen „nackten“ Zustand gewöhnt haben. Die Hunde sind natürlich auch aufgeregt. Man sieht immer wieder, dass sie sehr stark beschwichtigen, sich selbst und die Schafe und vielleicht auch noch den Schäfer, der zwar nach außen hin ruhig wirkt, aber doch vor so viel Publikum nervös ist. Die zwei Richter, die mitlaufen, sind selber Schäfer und halten sich von dem ganzen normalerweise relativ weit entfernt, um Störungen zu vermeiden. Oft fährt aber auch noch ein Lautsprecherwagen mit, der dem Publikum erklärt, was abläuft.

Häufig stellt dieses interessierte Publikum ein großes Problem dar. Da werden Kinder in den Pausen direkt an den Pferch gelassen, wo sie lärmen und spielen und die Schafe nervös machen. Viele Leute nehmen ihre Hunde mit und würden am liebsten – mit Hunden - neben dem Schäfer hergehen. Das finden seine Hunde natürlich gar nicht gut.

Im Alltag haben die Schäfer es ganz gerne, wenn sie hin und wieder Hunde treffen, damit ihre Hunde auch Begegnungen mit Artgenossen vernünftig meistern können. Aber auf einem Hütewettbewerb haben andere Hunde nichts auf dem Gelände verloren und schon gar nicht vor Aufregung schreiende und jammernde Border Collies. Auch dass die Hunde nicht unbedingt von unbekannten Menschen gestreichelt werden wollen, ist vielen nicht einsichtig. Arbeitende Hütehunde sind sehr fixiert auf ihren Menschen und Fremden gegenüber nicht unbedingt zugänglich. Die Schäfer legen zwar viel Wert auf guten Kontakt ihrer Hunde gegenüber anderen Menschen, andererseits soll der Hund natürlich auch nicht zu jedem Passanten hinrennen und ihn nach einem Gutti fragen. Eigentlich logisch, aber manche Menschen verstehen es eben nicht. Die Veranstaltungsleitung ist also stark gefordert, Ruhe und eine vernünftige Disziplin in die Sache zu bringen.

Meistens fängt das Hüten am frühen Vormittag an und dauert bis zum Nachmittag, je nachdem wie viele Schäfer gemeldet sind. Ein Durchgang dauert je nach Gelände 20 – 30 Minuten. Bewertet wird nicht nur der Hund, sondern auch der Schäfer: wie schnell erkennt er das Leitschaf, wie zügig bringt er die Schafe aus dem Pferch, wie gut setzt er seinen Hund ein, wie ruhig weiden die Schafe bei ihm, wie sauber schließt er den Pferch? Beim Hund ist sehr wichtig, wie gut und schnell er auf Kommandos reagiert und sie umsetzt, ob er zu unüberlegten Eigenentscheidungen neigt, die Schafe zu sehr bedrängt oder sich zu wenig an sie hintraut. Alles Kriterien, die von Bedeutung sind. Wer sich dafür interessiert, wie und unter welchen Bedingungen ein Hütewettbewerb stattfindet, dem empfehle ich die Bücher „Ausbildung von Hütehunden“ von Hans Chifflard und Herbert Sehner, sowie „Hirten- und Hütehunde“ vom Karl Hermann Finger, beides Ulmer Verlag.

Leider muss gesagt werden, dass manche Bewerter keine so großartigen Ratschläge geben, wenn sie mit dem Schäfer die Abschlußbesprechung machen. Da kann schon mal die Rede davon sein, dass man doch da mal ein bißchen mit Strom arbeiten sollte, um diesen oder jenen Fehler heraus zu bringen. Solche Ratschläge stellen für mich die Sinnhaftigkeit eines Wettbewerbes schwer in Frage. Immerhin ist zu berücksichtigen, dass es sich um künstliche Situationen handelt und weder Mensch noch Tiere reagieren, wie sie es unter für sie normalen Umständen tun würden. Also sind Ratschläge zur Erziehung mehr als fragwürdig, vor allem wenn es sich um einen Hund handelt, der offensichtlich zum Nutzen des Schäfers das Jahr über mit ihm gut arbeitet. Von einer „sinnvollen" Anwendung eines Stromreizgerätes wollen wir mal gar nicht reden. Es sollte mittlerweile jedem klar sein, dass man durch Folter mit Strom einen Hund kaum zur „freudigen" Mitarbeit angeregen wird. Zudem wird immer vergessen, dass die Anwendung von Stromreizgeräten in Deutschland generell und für jedermann verboten ist, auch für Trainer, Polizisten, Jäger und Schäfer.

Ein Wettbewerbsparcour ist immer nach gleichen Prinzipien aufgestellt. Der Schäfer pfercht aus, trifft auf das Verkehrshindernis, sprich das Auto, danach geht er ins enge Gehüt, anschließend überquert er die Brücke, die durch zwei eng beieinander stehende Hürden symbolisiert sein kann, danach geht's in weite Gehüt, anschließend geht es wieder in den Pferch. Je nach Gegebenheiten kann die Reihenfolge variieren, natürliche Hindernisse wie Brücken oder Durchgänge durch Hecken werden entsprechend eingebaut, wenn sie im Gelände fehlen. Hütet der Schäfer mit zwei Hunden, muss er eine höhere Punktzahl erreichen, da es mit zwei Hunden etwas einfacher ist.

Für Interessenten ist ein Hütewettbewerb eine gute Gelegenheit, sich arbeitende Hunde anzusehen und Kontakt zu Schäfern zu knüpfen. Da mittlerweile bereits Privatzüchter Würfe mit Altdeutschen machen, hat man hier evtl. die Möglichkeit, Züchter kennen zu lernen, die an Nichtschäfer Hunde abgeben.

Abb. 5: Schema Hütewettbewerb Herdengebrauchshunde

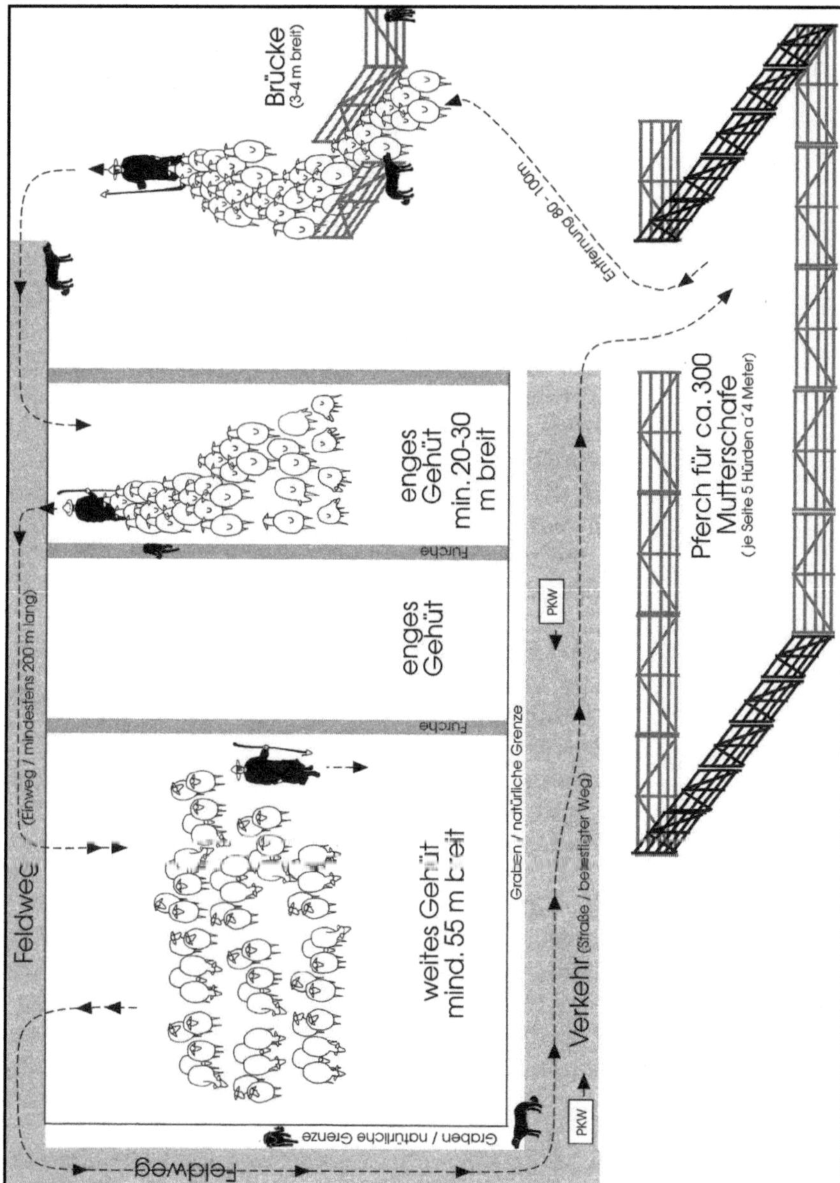

Quelle: Hans Chifflard, Herbert Sehner, Ausbildung von Hütehunden, Ulmer Verlag, S. 174

Weggrenzen – Furche – Wehren

Mein erster Hund war eine Bernhardiner-DSH-Mix-Hündin. Sie hatte eine Landkarte im Kopf, auf der alle Wege verzeichnet waren, die sie einmal in ihrem Leben gelaufen war. Außerdem war sie fest davon überzeugt, dass man Rundwege in eine ganz bestimmte Richtung gehen muss, den einen im Uhrzeigersinn, den anderen entgegen. Und davon war sie nur mühsam abzubringen. Wenn sie so einen Weg erstmal abgespeichert hatte, kannte sie ihn lebenslänglich und man konnte ihr zu 100 % vertrauen, mit ihr ging man nie in die Irre. Beispielweise wollte ich meinem Mann einen schönen Waldweg am Attersee im Salzkammergut zeigen, den ich 3 Jahre zuvor bei einem Kurzurlaub entdeckt hatte. Ich hatte nur eine vage Vorstellung, wo es losgehen könnte. Aber sie wußte genau, wie der Weg verlief und wir konnten dank ihr diesen schönen Weg laufen. Im Winter kamen wir im Voralpenland mal in einen Schneesturm. Es bestand keine Gefahr, dass wir uns verlaufen hätten, aber ohne sie hätten wir vom Wiesenweg auf die Straße gehen müssen, nachdem wir beschlossen hatten, umzudrehen. Mit ihr gingen wir den gleichen Weg, der mittlerweile total zugeweht und für uns nicht mehr zu finden war, zurück und sie lief wie auf Schienen. Bevor ich dieses Talent bei meiner Hündin entdeckte, dachte ich immer, dass alle diese Geschichten von so erstaunlichen Leistungen bei Hunden erfunden oder maßlos übertrieben wären. Danach wurde ich ein wenig nachdenklich.

Weibi - Susi

Unsere Dackelhündin interessierte sich vor allem für Wildspuren. Auf denen war sie vollkommen sicher, sie wußte genau, ob es sich noch lohnte, einer Spur nachzugehen und in welche Richtung das Wild gelaufen war. Dabei war sie in schwierigem Gelände sehr sicher, verlief sich nie und blieb immer auf dem Weg, wenn keine geruchlichen Provokationen über den Weg liefen. Sie erkannte Wege wieder, freute sich auch, wenn ihr der Weg zusagte, aber ob man jetzt so oder anders herum lief, spielte bei ihr keine Rolle.

Waldweg

Die beiden Hündinnen lebten ungefähr 6 Jahre zusammen und gemeinsame Spaziergänge wurden sehr genossen. Am liebsten gingen sie über Wiesen oder weichen Waldboden. Wenn wir von einem Weg auf eine Wiese oder in den Wald abbogen, wurde aus jedem Spaziergang sofort ein großartiges Abenteuer. Ihre Reviere, also unsere jeweiligen Wohnungen und Grundstücke wurden zwar ernsthaft bewacht und verteidigt, aber in einem durchaus verträglichen Maß.

Der Nachfolger der beiden, ein Strobel, war da ganz anders. Anfangs hatten wir unser Vertrauen von der Bernhardinerhündin automatisch auf ihn übertragen, aber nachdem wir uns mehrfach verlaufen hatten, dachten wir, dass sie vielleicht besonders begabt gewesen sei und verließen uns wieder auf unseren eigenen Orientierungssinn. Allerdings hatte er eine - für uns - sonderbare Marotte: er wollte partout nicht über Wiesen oder Äcker laufen, wenn dort nicht wenigstens ein Trampelpfad lief. Sobald wir über eine Wiese gingen, versuchte er uns auf den Weg zu drängen, wenn das nicht klappte, lief er mit allen Anzeichen des Unwillens weg und ging nach Möglichkeit am Weg. Vorlieben für bestimmte Wege oder gar für die Richtung, in die man ging, waren ihm nicht anzumerken.

Joschi

Es spielte auch keine Rolle für ihn, ob wir länger oder kürzer unterwegs waren. Wo wir waren, war auch er. Besonders bemerkenswert war bei ihm, dass wir für ihn um unser Anwesen eigentlich keinen Zaun benötigt hätten. Wir wohnten mit ihm zuerst in einem Haus, das nicht komplett eingezäunt war, zur Straße hin war alles offen. Er war bereits 6 Jahre alt, als wir ihn bekamen und es reichte eine einzige Zurechtweisung, als er ohne Erlaubnis auf die Straße lief. Hündinnen durften jederzeit zu ihm auf den Hof kommen, bei Rüden war er nicht so begeistert, aber auch das ließ sich machen. Ob er unseren Hof verteidigt hätte, da waren wir uns nicht so sicher. Uns dagegen bewachte und beschützte er.

Anschließend lebten zwei Kromfohrländer bei uns. Unser Rüde, der 4 Jahre älter war als die Hündin, ging einfach dahin, wo wir hingingen. Bei unserer Hündin hatte mein

Mann aber irgendwann festgestellt, dass sie zwar nicht ganz so gut war im Orientieren wie die Bernhardiner-Hündin, aber doch sehr verlässlich. Beide erkannten genau, wo wir schon mal gelaufen waren und hatten auch bestimmte Vorlieben, aber letztendlich war es ihnen nicht so wichtig, wie lange ein Spaziergang dauerte und in welche Richtung er verlief. Hauptsache, wir unternahmen etwas und gingen nicht jeden Tag die gleiche Strecke. Allerdings waren beide der Meinung, dass nicht nur unser umzäuntes Gelände zu ihrem Revier gehörte, sondern zumindest die morgendliche Runde ums Gehöft und im weitesten Sinn auch die große Runde durchs Dorf. Das wurde sehr deutlich durch Markieren mit Kot und Urin angezeigt.

Als unser Kromirüde verstarb, zog ein Dackelterriermischling bei uns ein, der vorher bei einer alten Dame in Berlin gelebt hatte. Unsere Kromihündin versuchte verzweifelt, ihm klar zu machen, wie man unseren Hof bewachen muss, aber das war ihm weitgehend egal. Als unsere Loni starb und ein halbes Jahr später eine griechische Herdenschutzhündin bei uns einzog, lernte er von ihr sehr schnell und effektiv, worum es ging. Obwohl sie erst ein halbes Jahr alt war, wußte sie sofort, wer hierhergehört und wer nicht, wie groß unser Territorium ist, wer sich dort aufhalten darf und wer nicht. Das ist ihr enorm wichtig und jeder, der vorbei geht oder versucht hereinzukommen, wird lautstark verbellt, wobei unser Dackelmix gerne mitmischt.

Indiana, Maxl und Anton

Außerhalb der Grundstücks sind beide deutlich kompatibler mit Artgenossen, auf unserem Gelände kommt der Dackel auch mit anderen Hunden klar, sie ist der Meinung, die haben hier nichts zu suchen. Wo wir spazierengehen und wie lange ist ihr im Gegensatz zu ihm egal. Er möchte am liebsten entweder ins Dorf zu den anderen Hunden oder an die nächste Badestelle. Sie findet alle Wege durch den Wald großartig, weil wir dort Wild finden. Ob wir jetzt auf dem Weg laufen oder quer durchs Dickicht robben, ist ihr vollkommen gleichgültig, dem kleinen Mischling ist vor allem wichtig, dass er mit seinen kurzen Beinchen mitkommt, ansonsten ist ihm der Weg auch egal.

Eine Zeitlang lebte noch eine alter Kurzhaarcollierüde bei uns, den es überhaupt nicht interessierte, wo und wann wir spazierengingen, Hauptsache er war dabei. Dieser Hund hatte 13 Jahre seines Lebens im Zwinger verbracht, ihm war nur der Anschluß an uns und die beiden anderen Hunde wichtig. Wo wir liefen, war alles gut.

Eine Bernhardiner-DSH-Mix-Hündin, eine Dackeline, ein Strobel, 2 Kromfohrländer, 1 Dackelmischling, eine Herdenschutzhunddame und ein alter Collie: acht Hunde und acht verschiedene Arten, mit Wegen und Grenzen umzugehen. Das reicht von höchstem Interesse bei der Dackel- und der Bernhardinerhündin für Wege und normalem Interesse für Territoriumsgrenzen, über differenziertes Herangehen bei dem Strobel für Wege und Weggrenzen, aber eher geringem Interesse an Reviergrenzen, ebenso ein differenziertes Interesse der Kromihündin an Wegen und starkes Interesse an Territorialgrenzen, bis zu ziemlicher Gleichgültigkeit bei dem Kromirüden an Wegen und Weggrenzen, aber sehr starkem Interesse an Territorialgrenzen. Die Herdenschutzhündin bewacht extrem ihr Territorium, ausserhalb ist sie eigentlich für nichts zuständig, der Dackelmix passt sich ihr mehr oder weniger an. Und Wege sind beiden egal, im Gegenteil: im Unterholz oder quer über die Wiese findet man doch viel leichter Beute. Und der alte Collie? Dem war das immer schon gleich, er hat gelernt auf dem Weg zu bleiben und weil Collies brave und anpassungsfähige Hunde sind, macht er das auch.

An was mag das liegen? Hunde sind territoriale Tiere, sie erkennen Landschaftsformationen sowohl optisch als auch olfaktorisch (nach Geruch) und nach Gehör aufgrund bestimmter Geräusche, z.B. eine Eisenbahnlinie in der Nähe, ein rauschender Fluss, eine offene Fläche, über die der Wind pfeift, oder Wald, Bebauung, die dichter oder sehr locker sein kann. Auch wir erkennen diese Unterschiede, allerdings überwiegend visuell und nach Gehör, mit der Nase lange nicht so differenziert wie Hunde. Zum Teil bringen sie die Voraussetzungen mit, zum Teil lernen sie, sich zu orientieren, wenn sie mit älteren Hunden oder mit ihren Menschen unterwegs sind. Die Kenntnis der Umgebung ist für sie wichtig, wenn sie ihr Territorium festlegen, bzw. wenn sie sich darüber informieren müssen, ob ein Territorium belegt ist oder nicht.

Bernhardiner müssen als Abkömmlinge der Schweizer Bauernhunde mit Vorfahren bei den Herdenschutzhunden, die auch als Begleiter an den Viehherden und als Zugtiere eingesetzt wurden, eine klare Vorstellung haben, wie sie bei schwierigen Wetterbedingungen die Herde oder ihren Karren sicher nach Hause bringen. Start und Ziel spielen eine wichtige Rolle, egal ob es sich um die Kühe handelt, die auf dem Heimweg von der Weide begleitet werden oder um den Karren mit den Lebensmitteln, den der Hund zuverlässig nach Hause ziehen muss. So ein Hund darf sich nicht einfach so verleiten lassen, eine andere Route zu wählen, solange er sicher auf dem vorgegebenen Weg bleiben kann. Erst wenn es nicht mehr anders geht, wird er nach Alternativen suchen.

Der Strobel hatte nie an einer Herde gearbeitet, war aber durch seine Herkunft sehr daran interessiert, sich immer an seinen Menschen zu orientieren, und der muss eben wissen, wo es lang geht. Außerdem gehört für ihn weder der Mensch noch der Hund auf die Wiese, da weiden die Schafe. Und auf den Acker darf schon gar keiner. Wenn ein Weidegang bevorsteht, egal ob das Vieh mal eben auf die Wiese im Nachbardorf getrieben oder ob eine wochenlange Tour angetreten wird, weiß der Hund weder, wie lange er unterwegs sein noch wo er laufen wird. Der Schäfer weiß es, das genügt. Ein Territorium in Sinne eines Reviers spielte für ihn eher eine untergeordnete Rolle. Ein Hund, der zum Begleiten auf weiten und lang andauernden Wanderungen gezüchtet worden war, sollte nicht an der Scholle kleben.

Die Dackelhündin interessierte sich nur für Wild und der Gang durch den Wald war für sie vielleicht einfach ein Streifen nach Wildspuren. Die Kromfohrländer als reine Begleithunde orientieren sich auch vor allem an ihren Menschen, aber die Begabung, Wege zu finden und sich Routen zu merken, bringen sie natürlich mit. Vielleicht haben wir unbewußt bei unserer Hündin gefördert, was wir bei dem Rüden nicht beachtet hatten. Außerdem sind sie sehr territorial veranlagt, was man bei so kleinen Begleithunden oft unterschätzt.

Dass eine Herdenschutzhündin territorial veranlagt ist, wundert jetzt niemanden, auch nicht, dass sie überall läuft und kein Interesse an Weggrenzen hat. Herdenschutzhunde bewachen und beschützen große Herden in Gebieten, in denen es kein Ackerland gibt. Sie müssen nicht darauf achten, dass das Vieh auf der angewiesenen Weide bleibt. Bei dem Dackelmischling weiß man nicht, wie es sich entwickelt hätte, wenn er schon als Welpe zu uns gekommen wäre. Er macht bei der Großen einfach mit.

Solche Eigenschaften kann man auch züchterisch fördern oder unterdrücken. Der Dackel, der am besten und genauesten die Spur findet und verfolgt, ist für den Jäger am wertvollsten und mit diesem Hund wird gezüchtet. Der Hütehund, der, ohne es jemals gelernt zu haben, weiß, was eine Acker- und Wiesengrenze ist, ist für den Schäfer Gold wert, denn das kann ihm der Schäfer schlecht zeigen, auch wenn er durch stark markierte Trennlinien das Laufen in der Furche mit ihm trainieren kann. Er nimmt ihn als jungen Hund auch bei anderen Hunden an der Herde mit, so dass er hier das richtige Arbeiten sehen kann. Aber er muss ein hohes Verständnis und Interesse für diese Arbeit mitbringen. Und je besser er das kann, um so wahrscheinlicher ist es, dass mit ihm gezüchtet wird. Wenn jetzt jemand Familienhunde wie Kromfohrländer züchtet und feststellt, dass einer seiner Zuchthunde besondere Eigenschaften aufweist, wird er je nach Bewertung einen Partner zur Zucht suchen, der diese entweder verstärken oder abschwächen soll.

Im Kapitel über die Entwicklung der Weidewirtschaft wurde beschrieben, dass von Anfang an Wege und Grenzen eine wichtige Rolle spielten, und zwar ebenso bei der Wanderung wie beim Hüten. Die ersten Hirtenhunde, die als solche bezeichnet werden (canis pastoralis), sind in der bildlichen Darstellung immer groß und kräftig, also eher Herdenschutzhunde, die in einem großen Weidegebiet mit der Herde leben, in dem es keine schützenswerten Grenzen im Sinnen von Ackergrenzen gab. Die mitteleuropäischen Hütehunde wurden von Anfang an darauf selektiert, dass sie Wege und Grenzen erkannten und absicherten. Daraus hat sich das „Furchegehen" und das „Wehren" entwickelt, und nichts anderes hat unser Strobel gemacht, wenn er immer am Rand der Wiese lief und versuchte, uns von den Wiesen fernzuhalten.

Eigentlich sind Wege, Acker- und Wiesenraine, also vom Menschen gesetzte Grenzen, die durch Bepflanzung, eine umgepflügte Furche, Kies oder Asphalt deutlich machen, dass hier etwas anderes beginnt, für einen Hund nicht unbedingt von Bedeutung. Da alle Hundeartigen aber in ihren Revieren Wege „anlegen", die sie immer wieder begehen, und sich an optischen und geruchlichen Landmarken orientieren, ist es für Hunde gar nicht so schwer, die Bedeutung und den Unterschied zwischen einem Getreidefeld und einer Wiese oder einem Weg zu erkennen und zu akzeptieren. Selbst Menschen mit ihrem gering ausgebildeten Geruchsvermögen können eine geruchliche Unterscheidung zwischen Wiese und Getreidefeld feststellen. Und da Hütehunde die Hunde sind, die eine extreme Bindung an Menschen mitbringen, und alles „richtig" machen möchten, ist es für sie gefördert durch jahrhundertelange Selektion eine gar nicht so schwere Aufgabe, diese Grenzen zu erkennen und ihre Bedeutung für den Schäfer richtig einzuordnen. Vermutlich wurden in der ersten Zeit dieser Art von Weidewirtschaft auch die Grenzen zwischen Weide- und Ackerland durch eine echte, gepflügte Furche markiert, um so den Unterschied visuell für den Menschen, aber auch geruchlich für den Hund deutlicher zu machen. Übrig geblieben für jede Art von Grenze, die der Hund zwischen dem Weideland, auf dem die Schafe stehen, und der Flur (Ackerland), bzw. Straßen, Wegen, Dämmen, also verbotenem Land für die Schafe legt, ist eben die Bezeichung „Furche“.

Das Faszinierende für uns daran ist, wie selbstverständlich ein Hund das auch in einem Gelände umsetzt, das er nicht kennt, an einer fremden Herde und evtl. auch mit einem neuen Besitzer. Aber auch das ist logisch, wenn man sich überlegt, dass die Wanderschäferei seit über 600 Jahren in Deutschland betrieben wird und dass das schnelle Zurechtfinden in fremden Gegenden für die Hunde überlebensnotwendig war. Hütehunde sind Weltmeister in der Anpassung an neue Gegebenheiten. Ein guter Hund sucht sich seine Furche ganz allein. Das Beeindruckendste, was ich in dieser Hinsicht erlebt habe, war eine Schäferhündin, die in der Schwäbischen Alb eine Herde mit ca. 800 Schafen über einen ca. 500 Meter langen und 200 Meter breiten Hang weiträumig hütete. Dazu lief sie sehr weit am Fuß des Hangs hinaus, bis sie eine Hecke fand, die sich den ganzen Hang parallel zur Weide hinaufzog. Dort lief sie ihre Furche, immer hoch und runter, oben sicherte sie die Waldgrenze ab. Unten stand der Schäfer, so dass er die vom Hund unbewachte Seite einsehen konnte. Dazu war kein Kommando, kein Sichtzeichen, keinerlei Anweisung des Schäfers nötig. Sie wußte ganz von allein, was zu tun war.

Wenn wir jetzt zum Vergleich die Arbeitsweise eines Border Collies betrachten, können wir feststellen, dass Weggrenzen ihn nicht sonderlich interessieren, es sei denn, man bringt es ihm bei. In seiner Heimat gab es diese Grenzen nicht, da Schafhalter in Großbritannien in der Regel nicht in der Nähe von Ackerbauern leben. Falls beim Einholen der Schafe eine Straße oder ein Weg zu überqueren ist, wird das vom Hund nicht anders bewertet als das übrige Wiesenland.

Das Gehen in der Furche bzw. das Wehren im Stand wird als „passives Wehren“ bezeichnet. „Wehren“ bedeutet, dass der Hund beim Ziehen, an einer Abbiegung, der Überquerung einer Brücke, beim Einpferchen oder anderen Hindernissen, aber auch beim Weiden z.B. neben einer bebauten Ackerfläche die Schafe durch seine bloße Anwesenheit, bzw. durch das Hin- und Herlaufen daran hindert, in eine unerwünschte Richtung zu gehen.

Deutscher Schäferhund wehrt beim Einpferchen

Bei dieser Bewegung an der weidenden Herde wird der Schäfer immer mit einbezogen, das heißt, dass der Hund immer außen am Schäfer vorbeiläuft, bzw. an der ziehenden Herde wechselt der Hund vor dem Schäfer, der an der Spitze der Herde geht. Der Schäfer ist also Bestandteil der Herde. Ebenso bezieht der Hund jeden mit ein, der beim Schäfer steht.

Ein richtig ausgebildeter Hütehund bezieht Schäfer, Hund und Spaziergängerin mit ein

Beim Laufen neben der ziehenden oder grasenden Herde wirkt der Hund solange relativ entspannt, solange sich nichts bemerkenswertes bei den Schafen oder in der Umgebung tut. Sowie er auf etwas aufmerksam wird, verlangsamt sich seine Bewegung und der Kopf geht hoch, evtl. bleibt er stehen, um die Gefahr abschätzen zu können. Wenn sich herausstellt, dass kein Grund zur Besorgnis besteht, läuft der Hund weiter. Beim Wehren im Stand sehen wir die Hunde sehr viel aufmerksamer. Je prekärer die Situation ist, um so deutlicher zeigt der Hund eine Art Imponierverhalten: Kopf hoch, gespannte Körperhaltung, Rute erhoben.

Wenn das Schaf jetzt nicht reagiert, wird dieser Hund aktiv wehren

Für die Schafe ist ein aufmerksamer Hund auch immer eine Art Bedrohung. Selbst wenn sie ihn kennen, bzw. wenn sie ihn kennen und respektieren, kann ein ruhiges und aufmerksames Wehren durchaus bewirken, dass ein genäschiges Schaf zum Weidegrund zurückkehrt und davon Abstand nimmt, in den verbotenen Rübenacker abzuschweifen.

Gut ausgebildete Hütehunde gehen mit dieser sehr behutsamen, aber wirkungsvollen Maßregelung sehr differenziert um. Im Gegensatz dazu steht das „aktive Wehren“, der Griff, bei dem das Schaf tatsächlich gezwickt oder gebissen wird, allerdings nie so, dass es verletzt ist. Ein Hund, der diesen Griff häufig einsetzt, zeigt eigentlich, dass er sich der Herde gegenüber nicht genügend Respekt verschaffen kann und unsicher ist.

Tiger wehrt passiv beim Tränken

Auf den Griff, bzw. die Griffeigenschaften, ebenso wie auf das Gehen und Wehren in der Furche wird im Kapitel „Ausbildung“ noch näher eingegangen.

Rassen – Zucht und Bestandserhaltung

Altdeutsche Hütehunde

Die AAH (Arbeitsgemeinschaft zur Zucht Altdeutscher Hütehunde) hat es sich seit 1989 zur Aufgabe gemacht, die alten Hütehundschläge zu betreuen. In der AAH sind in der Regel aktive Schäfer organisiert. Außerdem gibt es noch verschiedene private Züchter und Vereinigungen, in der überwiegend Privatleute organisiert sind. Die Altdeutschen Hütehunde sind nicht im Sinne des VDH „Rassehunde", sie sind „Landschläge", also Hunde, die in bestimmten Regionen vorkommen und dort für spezielle Arbeiten eingesetzt werden.

Manche Hunde haben Regionalbezeichnungen wie „Harzer Fuchs" oder „Westerwälder/ Siegerländer Kuhhund". Die Namen „Kuhhund" und „Schafspudel" weisen auf die Arbeit des Hundes hin, aber weitaus häufiger finden wir Bezeichnungen, die auf das Aussehen der Hunde hinweisen. Man kann sich das ganz einfach erklären. Einem Hirten, der Schafe hütet, ist schon klar, dass er einen Schafhund hat. Wichtiger für ihn ist, wenn er züchten will, welchen Partner er für seine Hündin aussucht, und da muss er wissen, wie der gewünschte Partner arbeitet und wie er aussieht. Wenn er also weiß, dass ein möglicher Partner ein Strobel ist, dann ist damit auch klar, dass es sich um einen struppigen und relativ großen Hund handelt, da die Strobel die größten unter den Altdeutschen sind. Dem Strobel werden Vorfahren unter den Herdenschutzhunden nachgesagt. Den Gelbbacken wurden oft magische Fähigkeiten angedichtet, da sie häufig gelbe Augenbrauen haben und somit über vier Augen verfügen. Deshalb heißen sie im süddeutschen Raum „Vieräugl". Ein Stumper wird ohne Schwanz geboren, ein Tiger, also ein Hund mit gestromtem Fell, hat den Merle-Faktor und manchmal dadurch blaue Augen (Glasaugen). Der Merle-Faktor ist ein Gendefekt, durch den äußere Veränderungen wie gestromtes Fell und blaue Augen auftreten. Er birgt bei einer Verpaarung allerdings immer die Gefahr, dass blinde und / oder taube Hunde geboren werden, da es sich hier tatsächlich um einen Gendefekt handelt. Das bewußte Züchten mit Hunden, die beide den Merlefaktor vererben, ist in Deutschland verboten. Ein Schwarzer ist rein schwarz und ein Fuchs rot. Die Schwarzen werden unterschieden in „mitteldeutsche" mit Stehohren und „süddeutsche" mit Kippohren. Bei roten Hunden wird angenommen, dass sie härter im Nehmen und aggressiver sind.

Strobel

Schwarzer

Gelbbacke

Fuchs

Tiger

Schafspudel

Stumper

Westerwälder Kuhhund

Die Altdeutschen sind in der Regel schlanke, hochbeinige Hunde, die einen geraden Körperbau aufweisen, sie sind etwas länger als hoch und meistens sehr gut befellt mit dichter Unterwolle. So gut wie alle Fellvarianten: Kurzhaar (selten), Stockhaar, Langstockhaar, Langhaar, Langzotthaar, Rollhaar, Rauhhaar kann man sehen. Es kommen alle Farben vor, auch gefleckte Exemplare sieht man. Die Ohren werden als Schlapp-, Kipp- oder Stehohren getragen und die Rute ist in der Regel sehr buschig. Die Hunde erreichen eine Größe von 50-70 cm, allerdings kommen sehr große Hunde in der Regel nur beim Strobel vor. Ihr Gewicht variiert zwischen 18 und 45 Kilogramm. Diese extremen Unterschiede sind durch durch die große Variabiltät der Hunde zu erklären. Die größten Hunde, wie den Strobel, findet man im Süden, der kleinste ist der Schafspudel, der in Norddeutschland beheimatet ist.

Ein Problem bei den Altdeutschen ist ihre mittlerweile sehr geringe Population. Sie stehen bei der Gesellschaft für Haustierforschung schon lange auf der Roten Liste. Beim Schafspudel, der früher nach Farbschlägen gezüchtet wurde, wird auf unterschiedliche Farben bei möglichen Zuchtpartnern keine Rücksicht mehr genommen, da die Schafspudel sonst ernsthaft in ihrem Bestand gefährdet sind. Der Westerwälder Kuhhund, der für die Arbeit an großen Rinderherden heutzutage so gut wie nicht mehr gebraucht wird, ist de facto ausgestorben. Die GEH, Gesellschaft zur Erhaltung alter und gefährdeter Haustierrassen, gibt den Bestand für 2019 mit nur wenigen reinrassigen Exemplaren an und stuft die Kuhhunde unter die „extrem gefährdeten Rassen" ein. Was wir als „Westerwälder Kuhhund" kennen, ist häufig eine Mischung mit anderen Altdeutschen. Die Arbeit dieser Hunde ist nicht mehr erforderlich, da Kühe heute entweder auf eingezäunten Weiden stehen oder dauerhaft in Großanlagen eingestallt sind. Nur wenige begeisterte Freunde der Altdeutschen setzen Hunde auch wieder an Kühen ein. Deshalb kann man davon ausgehen, dass die Kuhhunde in ihrer ursprünglichen Form nicht zu retten sind.

Die unterschiedlichen Wesenseigenschaften, die den einzelnen Schlägen nachgesagt werden, sind nicht von der Hand zu weisen. Strobel und Schafspudel, die beide bevorzugt an Schafherden eingesetzt wurden, gelten eher als rauhbeinig. Sie stehen in dem Ruf, dass nicht mit ihnen zu spaßen ist. Interessanterweise kann man europaweit feststellen, das die eher zottigen Hunde mehr Herdenschutzhundeigenschaften aufweisen, bzw. auch über deutlich mehr Schutzverhalten verfügen als ihre sanfter befellten Verwandten. Eine Erklärung dafür könnte sein, dass mit dem Aufblühen der Schafhaltung nach dem 30jährigen Krieg sehr wehrhafte Hunde bevorzugt wurden. Es waren ja nicht nur defacto entvölkerte Regionen, die durch die Schafhaltung wirtschaftlich wieder auf Vordermann gebracht werden sollten, sondern es trieb sich allerhand zwei- und vierbeiniges Raubzeug

Abb. 6: Bestand der Altdeutschen Hütehunde

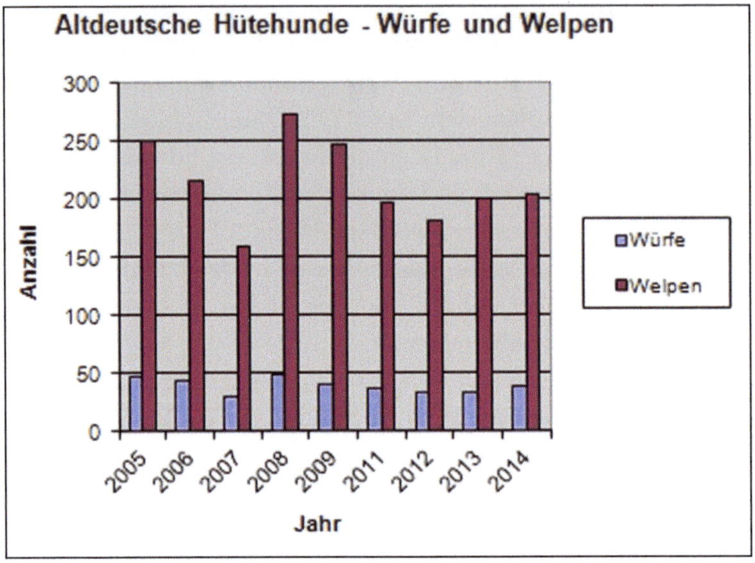

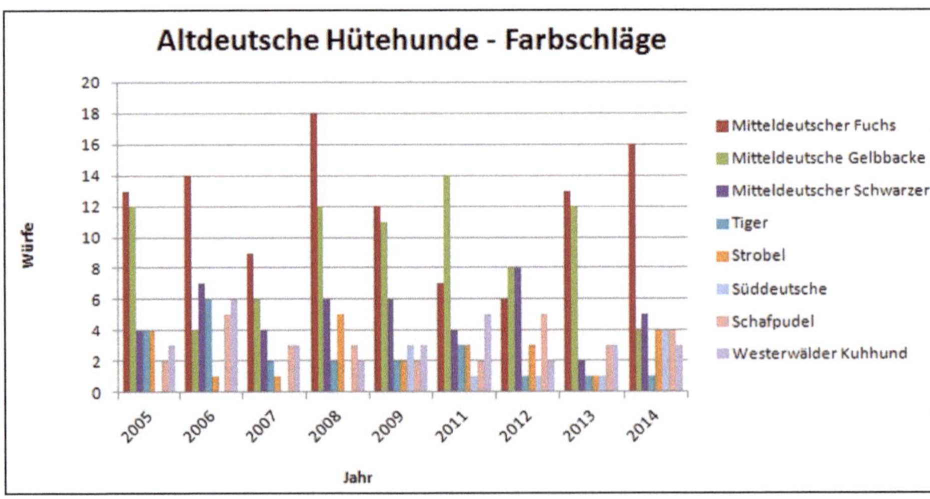

Quelle Gesellschaft zum Erhalt gefährdeter Haustierrassen

in der Gegend herum. Sowohl Beutegreifer als auch verrohte Überbleibsel der großen Heere verunsicherten die Länder des Deutschen Reiches. Gerade große Viehherden waren da natürlich beliebte Beute. Zu dieser Zeit hatten die Menschen anderes zu tun als schriftlich zu überliefern, warum sie welche Hunde bevorzugten. Aber man kann sich leicht vorstellen, dass schnelle, wehrhafte und entschlossene Hunde, die einen potentiellen Angreifer beeindrucken konnten, eine Art Lebensversicherung für die Schäfer darstellte. In späteren Zeiten, als das Leben wieder sicherer wurde, legten Strobel und Schafspudel ihre Eigenschaften zwar nie ganz ab, aber es konnten sich zunehmend die sanfteren Vertreter Schwarze und Gelbbacken durchsetzen.

Schafspudel an der Herde

Auch wenn ein Altdeutscher lernen kann, an jedem Vieh zu arbeiten, kann man sie in Schaf- und Kuhhunde unterteilen. Diese Unterscheidung ist sinnvoll, da es für das Wesen des Hunden ein entscheidender Unterschied ist, ob er an Kühen oder an Schafen arbeiten soll. Schafe sind, wie wir schon erfahren haben, leicht in Angst und Schrecken zu versetzen und geraten schnell in Panik. Ein Schafhund muss also auch ein gutes Gespür für die emotionale Lage seiner Herde haben. Sie können sich zwar in gewisser Weise gegen einen schwachen Hund durchsetzen, aber wehrhaft im Sinn wie Kühe sind sie nicht. Wer schon einmal versucht hat, sich gegen eine Kuh, geschweige gegen eine ganze Rinderherde durchzusetzen, weiß, dass das alles andere als einfach ist. Kühe sind sich sehr wohl dessen bewußt, dass sie sich nicht alles gefallen lassen müssen und dass sie sich sehr effektiv zur Wehr setzen können. Vor ihren Tritten oder Hörnerstößen nimmt man sich in Acht, ohne erst zu testen, ob das wirklich schlimm ist.

Ein Hund, der sich Kühen gegenüber durchsetzen will, muss also hart im Nehmen sein und darf auch nicht allzuviel Respekt vor der Herde haben. Er muss schnell und mutig sein, darf sich durch Schmerzen und Verletzungen nicht beeindrucken lassen. Denn wenn er bei einem Tritt klein bei gibt, wird die Herde oder auch die einzelne Kuh dafür sorgen, dass er so schnell nicht wieder einsetzbar ist. Ein gezielter Stoß mit den

Hörner kann das Todesurteil für ihn sein. Kuhhunde sind also vom Wesen her deutlich kämpferischer und härter, aber auch unverträglicher und aggressiver als Schafhunde. Die Kuhhirten achteten schon allein deshalb darauf, dass sich ihre Hunde nicht mit den Schafhunden vermischten, da Kuhhunde - weltweit - eine Eigenschaft aufweisen, die bei Einzucht anderer Hunde leicht verschwindet: den Biss ins Hinterbein zwischen Sprung- und Fesselgelenk. Im Englischen heißen Hunde mit diesen Eigenschaften „heeler“ von „heel“ = Ferse, Absatz. Diese Beißtechnik, die das Rind nicht verletzt, nennt man auch „Trockenbeißen“. Sie beherrschen alle Hunde, die an Rinderherden arbeiten, also auch der Cattle Dog oder der Welsh Corgie. Kuhhunde haben in der Regel eine breitere und kräftigere Stirnplatte als andere Hunde, da sie schon mal einen Tritt aushalten müssen.

Cattle dog im Stall

Da sowohl der Westerwälder wie der Siegerländer Kuhhund mittlerweile weitgehend mit anderen Schlägen vermischt sind, sollte man sich nicht wundern, wenn diese Grifftechnik unvermutet auftaucht. Für die Arbeit an Schafen ist sie nicht sehr sinnvoll. Die Füchse nehmen insofern eine Sonderstellung ein, da sie als „Harzer oder Mitteldeutsche Füchse“ vor allem in Ostdeutschland als reine Schafhunde überlebt haben. Die Westerwälder Kuhhunde unterscheiden sich äußerlich vor allem durch ihr rollhaariges Fell von Harzer Füchsen. Die rote Farbe überwiegt allerdings auch bei den Kuhhunden, weshalb beide Rassen oft verwechselt werden. Die Kuhhunde weisen häufig eine gut gezeichnete schwarze Maske auf, die man bei den Harzer Füchsen nicht eher findet.

Einer der ersten Harzer Füchse, die ich als Hundetrainerin kennenlernte, war ein Welpe von 10 Wochen. Er sollte bei einer Familie mit 3 Kindern leben und mit der Mutter Sport wie Agility betreiben, bzw. sie beim Radfahren und ihren Wanderungen begleiten. Die größte Schwierigkeit, die ich mit der Besitzerin hatte, war ihr klarzumachen, in welchem Tempo dieser Hund lernt, und dass man sich für ihn eine neues Wort für „Konsequenz“ ausdenken musste. Bereits im Alter von 3, 4 Monaten war er nicht bereit, Experimente zu machen. Was man ihm gezeigt hatte, hatte genau so zu gelten. Auch anderen, bereits erwachsenen Hunden gegenüber war er mehr als selbstbewußt. Gegenüber Hündinnen, die mit fremden Welpen meistens etwas robuster sind als Rüden, war er etwas vorsichtiger, aber wehe ein Hund zeigte sich als „Weichei“. So einen nahm er einfach nicht mehr ernst, der konnte versuchen, was er wollte, der kleine Fuchs setzte sich durch. Ich weiß nicht, ob er tatsächlich auf Dauer in dieser Familie geblieben ist, aber ich bezweifle es stark. Denn dieser Hund war eine Aufgabe für sich. Eine sehr attraktive und lohnenswerte Aufgabe, das ist sicher. Aber man darf ruhig Bedenken tragen, ob eine Mutter mit drei noch relativ kleinen Kindern, die viel Zeit auf ihren Nachwuchs verwenden muss, so ganz nebenbei einem Hund von diesem Kaliber gerecht werden kann.

Hirten haben von Zucht naturgemäß immer schon viel verstanden, sie haben auch Äußerlichkeiten mit Eigenschaften verknüpft, ob zu Recht, weiß ich nicht. Tatsache ist, dass ich einige Füchse kenne, die sehr „massive“ Hunde und mit Vorsicht zu genießen sind. Bei Gelbbacken dagegen kenne ich vor allem freundliche Hunde. Füchse wurden im Westen Deutschlands auch an Kühen eingesetzt, es ist also durchaus möglich, dass hier der Grund für ihr „forsche“ Art zu suchen ist. Gelbbacken wurden an Schafherden eingesetzt, auch das kann die Ursache für ihre relative Sanftheit sein.

Schafhunde sind im Vergleich zu Kuhhunden weicher, allerdings nicht in dem Sinn, dass sie sich alles gefallen lassen. Ein selbstbewußter Leithammel, bzw. eine Schafherde kann sich schon mal einem Hund in den Weg stellen und versuchen, ihn zu vertreiben. Ein einzelner Hund kann durch die Menge der Tiere durchaus beeindruckt sein, besonders wenn es sich noch um behörnte Schafe handelt. Dabei muss aber immer berücksichtigt werden, dass Schafe leicht in Panik geraten und dann unter Umständen wie wild in alle Richtungen auseinander rennen, das darf aber unter keinen Umständen passieren. Ein guter Schafhund wird also sehr viel mehr mit Imponiergehabe arbeiten, da sich Schafe leichter beeindrucken lassen. Zudem darf ein Schafhund nicht von hinten an die Schafe gehen, da auch dies schnell zur Panik führen kann. Wenn wir an den Border Collie denken, dessen Kunst darin besteht, dass er immer den richtigen Abstand zur Herde hat und auch ohne jede Anweisung im „down“ in der Wiese versinkt, wenn er zu nahe kommt, dann versteht man, warum das so sein muss. Altdeutsche Schafhunde gehen aber nicht von hinten an die Schafe, da sie nicht treiben im Sinne eines Border Collies. Sie bringen mal ein abtrünniges Tier zur Herde zurück, sobald es aber dort ist und wieder im richtigen Gebiet weidet, ist alles gut. Die Maßregelungen erfolgen idealerweise seitlich: der Hund faßt in der Regel vorne oder hinten seitlich an der Keule, in die Rippen oder den Nacken. Die Fersen sollten für ihn tabu sein.

Kuhhunde dagegen treiben auch, d.h. sie laufen seitlich, vor oder hinter der Herde, je nachdem, wo sie benötigt werden. Kühe geraten nicht so leicht in Panik, die Entfernung des Hundes vom Vieh wird vermutlich eher dadurch bestimmt, dass er eine aktiven Auseinandersetzung mit einer Kuh vermeiden möchte. Da sie die Hütearbeit auch sehr gut beherrschen, schließlich wurden sie an Rinderherden eingesetzt, die auf nicht umzäunte, sehr große Flächen zum Weiden getrieben wurden, nehmen sie eine Zwischenstellung zwischen den Treib- und den Hütehunden ein.

Der Erhalt der Altdeutschen Hütehunde ist seit langem gefährdet. Durch die Umstrukturierung der Landwirtschaft, die Einführung des Kunstdüngers nach dem 2. Weltkrieg und die Einfuhr von billigen Schafprodukten aus Australien und Neuseeland wurde die Schafhaltung nicht nur immer schwieriger, sondern auch unrentabel. Dadurch wurden immer weniger Hunde gebraucht und was der Schäfer nicht braucht, züchtet er auch nicht mehr. Es wird von Schäfern und Kuhhirten berichtet, die ihre Hunde erschossen haben, nachdem klar war, dass das Hüten im traditionellen Sinne, ihre Arbeit und damit auch die Existenz der Hunde nicht mehr erforderlich war.

Liebhaber der ursprünglichen Hütehundrassen haben sich in den letzten Jahren zunehmend der Zucht zugewandt. Teilweise werden die Hunde nach wie vor von den Schäfern selbst gezüchtet, es fallen aber immer mehr Würfe in Privathand. Das birgt verschiedene Gefahren, denn die Vererbung unterliegt strengen Regeln, die man nicht einfach so mißachten darf. Es sei denn, man ist nur auf Ausstellungsergebnisse aus und die geistige, seelische und körperliche Gesundheit der Hund ist einem egal. Im folgenden kann nur sehr pauschal auf das Thema Vererbung eingegangen werden. Es gibt dazu aber umfangreiche und sehr gute Literatur. Einige lesenswerte Bücher finden Sie in der Literaturliste.

Man kann bei allen Arbeitshunden, die sich in sogenannte Schau- und Leistungslinien unterteilen, nicht nur Veränderungen im Wesen feststellen, sondern auch äußerliche Veränderungen, die so gut wie nie der Gesundheit der Rasse förderlich sind. Dass man bei der Zucht von Schau- oder Familienhunden darauf achtet, dass die Hüteeigenschaften nicht zu ausgeprägt sind, ist nachvollziehbar, was allerdings nicht nachvollziehbar ist, sind Äußerung wie: bei einem anständigen Altdeutschen müssen die Ohren schon ordentlich stehen. Diese Einstellung ist - um es ohne Umschweife zu sagen - der Anfang vom Ende einer Rasse oder eines Landschlages. Da der Deutsche Schäferhund noch gesondert behandelt wird, müssen wir ihn hier nicht als Negativbeispiel bringen. Es gibt in den letzen Jahren leider immer mehr Rassen, die eine ähnlich schlimme Entwicklung gemacht haben. Als anschauliches Beispiel können wir uns mit dem Labrador Retriever befassen.

Labradore

Der Labrador ist ein großer, schlanker, aber kräftiger Hund, ein wunderbarer Allrounder, vergleichbar mit dem Deutschen Schäferhund. Sein ursprüngliches Aufgabengebiet ist das Apportieren aus dem Wasser, er ist aber auch sehr gut bei der Nachsuche. Er kann nicht nur zur Jagd eingesetzt werden, sondern ist ein guter Wachhund, freundlich zu Menschen, bei guter Sozialisierung verträglich mit anderen Hunden und immer begeistert, wenn seine Menschen sich mit ihm beschäftigen. Durch die Unterteilung in Schau- und Leistungslinien werden - wie beim Deutschen Schäferhund - arme Kreaturen aus den „Schönheits"zuchten erzeugt, die mit den ursprünglichen Hunden nichts zu tun haben. Sie sind viel zu schwer für ihre dünnen Beine und es gibt Fälle, in denen organisch gesunde Hunde eingeschläfert werden mussten, da durch das Eigengewicht die Gelenke kaputt waren. Ererbte Eigenschaften ändern sich in einer Rasse für die Züchter meistens nicht schnell genug, wenn man diese nur mit Partnern aus der gleichen Rasse erreichen will. Alle unsere Rassehunde sind letztendlich als Mischlinge entstanden und wurden dann nach Schließung der Zuchtbücher als „reinrassig" bezeichnet, da sie sich nur noch untereinander paaren durften. Züchter sind, da sie an Preisen auf Ausstellungen und an dem Verkauf möglichst typischer Welpen interessiert sind, sehr oft schnell dabei, auch mal ein Auge zuzudrücken, wenn eben durch die Einkreuzung einer anderen Rasse die gewünschten Eigenschaften, z.B. bulliger Körper und weniger Temperament schneller erreicht werden. Man kann also durchaus davon ausgehen, dass bei der Entstehung der Schaulinien bei den Labis schwerfällige und ruhige Rassen mit gewirkt haben.

Ebenso wurde aus dem leichtfüßigen, rotgoldenen Golden Retriever ein schneeweißer, wandelnder Flokati gemacht, der selbst in Mitteleuropa im Sommer geschoren werden muss, damit er keinen Hitzschlag bekommt. Ihre sprichwörtliche Sanftheit ist bei vielen sehr trügerisch, da Herdenschutzhunde zur Erreichung des Äußeren eingezüchtet wurden. So bekommt man vielleicht anstelle eines freundlichen Goldies unerwartet einen massiven Wachhund, der Haus, Garten und seine Menschen bewacht wie seinen Augapfel und mit Artgenossen unter Umständen sehr unverträglich ist.

Elegante, leichtfüßige Border Collies wurden zu plumpen, x-beinigen Schlaftabletten, die ebenfalls einen Hang zum Superwuschel aufweisen. Bearded Collies, denen man Vorfahren bei Herdenschutzhunden nachsagt, sind mittlerweile reine Friseurobjekte, deren langer Bewuchs sie für jede Arbeit an der Herde untauglich macht. Zudem gelten sie als ängstlich und unsicher, das ist aber nicht wirklich typisch für Herdenschutzhunde. Der Old English Sheepdog, ein ursprünglich wehrhafter und großer Treib- und Hütehund, dem ebenfalls Herdenschutzhundqualitäten nachgesagt werden, besteht anscheinend nur noch aus Fell, das ihm noch dazu die Augen zuwuchert und für einen Gang über eine normale Wiese untauglich macht, da er jeden Dreck einsammelt, der nur zu finden ist. Langes, zottiges Fell, das jeder Schäfer sofort als vollkommen untauglich für einen arbeitenden Hund einstufen würde, findet man sehr häufig bei ehemaligen Hütehunderassen, die nach absurden Schönheitskriterien gezüchtet werden. Die Begründungen sind mehr als hanebüchen: die Augen sind zugewachsen, um sie vor den UV-Strahlen der Sonne zu schützen. Das Fell muss so lang sein, damit die Haut nicht von Dornen beschädigt wird. Leider fallen Welpenkäufer immer wieder auf solch alberne Argumente herein.

Schapendoes

Es lassen sich leider noch viele Beispiele finden, die den Trend, Arbeitshunde zu untauglichen und kranken Kreaturen zu machen, belegen. Aber wir alle wissen eigentlich, was hier passiert und es ist hoch an der Zeit, dieser Art von Zucht nach fragwürdigen Schönheitskriterien Einhalt zu gebieten. Und ganz sicher sollte man nicht anfangen, Hunde, die sich in weiten Teilen ihre Ursprünglichkeit bewahrt haben, in diese Schemata zu pressen und sie auf Dauer endgültig kaputt zu machen. Sehr viel mehr muss man sich fragen, wie man die Altdeutschen Hütehunde und ihre gesunden Verwandten bei den Deutschen Schäferhunden so in unser Leben integrieren kann, dass sie erhalten bleiben so wie sie sind.

Um gewisse Merkmale zu erhalten, wird bei der Rassehundezucht immer und grundsätzlich Inzucht betrieben. Anders ist die Herausbildung erwünschter körperlicher Merkmale in wenigen Generationen nicht möglich. Wer unter allen Umständen eine bestimmte Fellart und / oder Fellfarbe haben möchte, wird immer Hunde miteinander verpaaren, die sich sehr ähnlich sind, und das sind in der Regel Verwandte. Da es einfacher ist, Rüden vermehrt in der Zucht einzusetzen, denn Hündinnen können eben „nur" 1-2mal pro Jahr einen Wurf bringen, werden prämierte Rüden wieder und wieder eingesetzt, ohne ausreichend abzuprüfen, inwieweit sie tatsächlich gute „Vererber" sind. Beim Deutschen Schäferhund dürfen nach wie vor Rüden bis zu 90 mal decken. Es handelt sich also auch um ein sehr gutes Geschäft, denn jedesmal gibt es Deckgeld. Interessiert es da wirklich noch, ob die Nachfahren gesund sind?

Zudem werden bei jeder Zucht irgendwann die Zuchtbücher geschlossen, also wird der Genpool automatisch eingegrenzt. Zur Gesunderhaltung einer Population sollten ca. 10.000 Exemplare an der Zucht beteiligt sein. Das ist illusorisch für die allermeisten existierenden Rassen. Wer dann aber auch noch nächste Verwandte miteinander verpaart und nicht auf möglichst weit entfernte Verwandschaften achtet, provoziert erbkranke Hunde. Mittlerweile gibt es Rassen, die in ihrem Bestand dadurch gefährdet sind, dass sie verwandter sind als Vollgeschwister, z.B. der Nova Scotia Duck Tolling Retriever. In Großbritannien leben ca. 10.000 Möpse, die sich genetisch auf eine Population von 50 (!) Tieren reduzieren lassen.

Inzucht ist biologisch sinnvoll, wenn eine Art vom Aussterben bedroht ist und sich dadurch der Arterhalt gewährleisten läßt. Nach Katastrophen wie Kriegen oder Naturereignissen, die die Population auf ein sehr geringes Maß reduziert haben, verpaaren sich auch in freier Wildbahn enge Verwandte wie Eltern - Kinder oder Geschwister. Sobald genügend Paarungspartner verfügbar sind, deren Verwandtschaft weiter entfernt ist oder die idealerweise nicht verwandt sind, ist Inzucht für wildlebende Caniden nicht mehr relevant. Leider werden immer die Eigenschaften, bzw. Äußerlichkeiten züchterisch verstärkt, die sich am leichtesten beeinflussen lassen und das sind in der Regel das Fell und die Fellfarben. Sowie man aber hier Einschränkungen vornimmt, werden auch andere Eigenschaften und körperliche Merkmale beeinflusst, da so gut wie nie eine Eigenschaft oder ein körperliches Merkmal allein vererbt wird.

Auch mit der Zunahme von Erbkrankheiten ist zu rechnen, das belegen alle Rassen, die es bereits gibt und die so gut wie alle mit schweren Krankheiten wie HD, Epilepsie, Katarakt und Autoimmunerkrankungen leben müssen. Ganz unerfreulich wird die Sache, wenn Hunde wie Tiger in die Zucht kommen. Da die Blaufärbung und die gefleckte Fellzeichnung viele Freunde hat, sind so gezeichnete Hunde bei so gut wie allen Rassen, wo sie vorkommt, sehr begehrt. Der Merle-Faktor bewirkt aber ein erhebliches Risiko für Taubheit und / oder Blindheit. Dies kann man sehr deutlich bei Dalmatinern sehen, die überdurchschnittlich davon betroffen sind. Die Bemühungen der verschiedenen Rasseverbände zeigen, dass diese Krankheiten bei weiter betriebener Inzucht nicht in den Griff zu bekommen sind.

Den Inuit waren die Probleme der Inzucht immer schon bekannt. Und ganz ohne wissenschaftliche Untersuchungen wurde von ihnen ein Methode entwickelt, die unerfreuliche Folgen der Inzucht in engen Grenzen hielt. Zum einen bemühte man sich - wie auch die früheren Hirten - Paarungspartner von weit her zu bekommen. Aber andererseits wurde der Deckrüde immer von der läufigen Hündin ausgewählt. Das verlief so: alle Rüden wurden in gebührender Entfernung von einander angeleint. Die Hündin lief frei. Es ist nachweisbar, dass sich das weibliche Tier immer den Paarungspartner aussucht, der genetisch am besten zu ihr paßt, bzw. der am wenigsten mit ihr verwandt ist. Da die Hündinnen dies zuverlässig erledigten, konnten gesunde Welpen auf die Welt kommen.

Cattle Dog Hündin mit Welpen

Warum also muss unbedingt der Mensch die Kontrolle behalten wollen und auf Biegen und Brechen den Vater der zukünftigen Hunde bestimmen? Oder, um es provokativ zu formulieren: welche Frau in Mitteleuropa möchte heute noch ihre Familie darüber bestimmen lassen, wen sie heiratet und wer der Vater ihrer Kinder wird? Wenn einem Züchter dieser Gedanke zu ketzerisch und zu vermenschlichend ist, der sollte sich doch durch höhere Erbgesundheit überzeugen lassen, die durch die freie Wahl der Hündin entschieden besser abgesichert ist.
Wer also möchte, dass Fuchs, Schafspudel, Schwarzer, Kuhhund oder Strobel zum Familienhund umgezüchtet und dabei unter menschlicher Kontrolle auf bestimmte körperliche Merkmale festgelegt werden, wird sich damit abfinden müssen, dass sie relativ schnell nichts mehr mit den wunderbaren Hunden gemeinsam haben. Wir werden nur noch einen müden Abklatsch, der in etwa an die Altdeutschen erinnert, vorfinden. Werden die Hunde aber im Sinne eines VDH / FCI gezüchtet, ist eine Entwicklung wie oben beschrieben unausweichlich.

Dieser Wuschel soll ein Old English Sheapdog sein

Den Erhalt der Altdeutschen und aller ursprünglichen Rassen kann man nur gewährleisten, wenn sich neben ihren traditionellen neue Einsatzgebiete für sie entwickeln und sich genügend Liebhaber finden, die diese aktiven und nicht ganz einfach zu haltenden Hunde auch in Privathand halten, um eine einigermaßen gesunde Zuchtpopulation zu gewährleisten. Zudem sollte man die starke Unterscheidung in die verschiedenen Schläge aufgeben. Schon allein dadurch erhält man einen sehr viel größeren Genpool in etwa gleichartiger Hunde. Es wäre auch sinnvoll, über die Einkreuzung ausländischer Hunde nachzudenken, die die gleiche Arbeit machen und auch in etwa ähnliche Eigenschaften aufweisen. Wer sich nicht wirklich auskennt, wird keinen großen Unterschied zwischen einem kleinen Schafspudel und einem großen Berger des Pyrenées finden.

Es besteht aber auch die Möglichkeit, dass sich Altdeutsche mit Koppelgebrauchshunden wie Border Collie und Kelpie vermischen, um die Vorteile beider Arbeitsweisen für die veränderte Schafhaltung nutzen zu können. In der Schweiz, wo durch die Zunahme der Wölfe schon länger Herdenschutzhunde eingesetzt werden und manche Schäfer Herdenschutzhunde, Altdeutsche und Border Collies zusammenhalten, hat der Prozess der Vermischung bereits eingesetzt. Es ist nachvollziehbar, dass immer mal wieder „Unfälle" passieren, wenn man mehrere intakte Hunde zusammen hält. Diese Hunde weisen natürlich die unterschiedlichsten Eigenschaften auf, die mehr oder weniger im Sinne des Schäfer sind. Wenn die Schafhaltung in Europa Bestand hat, werden sich aus diesen Zufallswürfen, die vermutlich auch anderswo zur Welt kommen, neue Landschläge entwickeln, die den Erfordernissen der modernen Schafhaltung entgegenkommen. Diese Erfordernisse können z.B. sein, dass die Hunde an kleineren Herden arbeiten, aber auch zum Schutz vor Wölfen eingesetzt werden können, zum Treiben geeignet sind.... Dies ist ein normaler Prozess, wie er immer in der Geschichte der Hunde stattgefunden hat: es setzen sich die Hunde bei den Schäfern durch, die am besten einsetzbar sind. Parallel dazu werden sich Linien entwickeln, die sich zur Arbeit an der Herde weniger, dafür für den privaten Hundefreund besser eigenen. Solange dies der Gesundheit der Hunde nicht abträglich ist, ist dagegen nichts einzuwenden.

Die wachsende Wolfspopulation in Deutschland und die damit verbunden Problematik für Tierhalter, die ihre Herden im Freien halten, kann ebenfalls zu einem neuen Aufgabengebiet für Altdeutsche werden. Gerade in Zusammenarbeit mit Herdenschutzhunden kann ihr Einsatz an der Herde wieder neue Möglichkeiten bieten, um einerseits die Herden zu schützen, andererseits mit den bei uns lebenden Wölfen gelassener umzugehen und schließlich die Hunde zu erhalten. Selbstverständlich werden sich bei einem entsprechenden Einsatz die Hunde verändern, aber diese Veränderungen entsprechen den Ansprüchen der Herdenbesitzer und nicht den optischen Vorgaben von Liebhabern. Mit Sicherheit werden sich die Hunde sehr viel mehr vermischen und andere Landschläge hervorbringen. Gerade deshalb ist es wichtig, bei der geplanten Zucht Leistungsmerkmale zu betonen und keine Äußerlichkeiten.

Das Problem bei der Vermischung der verschieden Rassen ist, dass man mit der Vererbung der Eigenschaften zu wenig Erfahrung hat. Deshalb bringt es nicht viel, einfach drauflos zu vermehren. Damit erweist man niemandem einen Gefallen, weder den Schäfern, noch privaten Freunden dieser Hunde und ganz sicher nicht den Hunden, die mit Eigenschaften ausgestattet sein können, die ihre Haltung schwierig machen.

Der deutsche Schäferhund

Man sieht es ihm nicht mehr an, aber der Deutsche Schäferhund (DSH) hat seinen Ursprung bei den alten Landschlägen der Hütehunde. Weil wolfsähnliche Hunde mit ausgeprägten Gesichtsmasken und Stehohren dem Rittmeister von Stephanitz und seinen Nachfolgern am besten gefielen, wird seit über 100 Jahren vor allem mit diesen Hunden gezüchtet. Für einen unbedarften Betrachter wirkt der DSH heute wie ein „zivilisierter" Wolf, allerdings ist er mit allen gesundheitlichen und charakterlichen Problemen behaftet, die eine extreme Inzucht mit sich gebracht hat.

Aufstellung zum Champion?

Auch wenn man ihm eigentlich nicht mehr viel zutraut, ist nach wie vor der Deutsche Schäferhund bei manchen Schäfern im Einsatz. Vom Verein für Deutsche Schäferhunde (SV) gibt es eine eigene Körprüfung für Herdengebrauchshunde und die Eignungen für die Hütearbeit werden bei Leistungshüten der AAH (Arbeitsgemeinschaft Altdeutscher Hütehunde) überprüft. Das ist auch gut so, sonst würden wir nur noch Schäferhunde sehen, die jämmerlich auf den Knien durchs Leben robben. Jeder Schäfer ist normalerweise auf eine bestimmte Rasse festgelegt, Sie werden deshalb eher selten einen Altdeutschen bei einem Schäfer finden, der DSH bevorzugt. Wenn ein Hund gute Hüteeigenschaften zeigt, wird auch mal ein Hund aus der Hochzucht verwendet, allerdings wird so ein Hund bei dieser Arbeit nicht sehr alt. Es gibt den Spruch: Der Schäfer hat 5 Jahre einen jungen, fünf Jahre einen guten und fünf Jahre einen alten Hund. Beim DSH können Sie anstelle „fünf" getrost „drei" einsetzen. Zum Teil liegt die Ursache darin, dass von den Hunden heute enorm viel gefordert wird und die Hunde mit 9,10 Jahren einfach verschlissen sind. Aber ein Grund wird sicher auch sein, dass beim DSH zu wenig auf Leistung und zu viel auf „Schönheit“ gezüchtet wird. Unter Leistungszucht versteht man hier auch nicht mehr Arbeitshunde im Sinne eines Hütehundes, sondern Hunde für den Schutzdienst. Nach der Wende stürzten sich die westdeutschen Züchter auf die noch relativ gesunden Hunde im Osten, aber auch dieses „Material“ ist inzwischen verbraucht und dem Deutschen Schäferhund geht es leider immer schlechter. Selbst eingesessene DSH-Züchter aus der ehemaligen DDR züchten mittlerweile „preisbewußt“ im Sinne von Ausstellungspokalen bevorzugt Hunde mit „Fließheck“.

Der Vorteil des DSH ist sein unbedingter Arbeitswille und der Wille, es seinem Menschen unter allen Umständen recht zu machen. Sie neigen nicht so stark wie die Altdeutschen zu spontanen und impulsiven Entscheidungen und machen damit das Arbeiten einfacher. Sie gelten auch als ruhiger und verträglicher mit Artgenossen als die Altdeutschen.

Arbeitender Deutscher Schäferhund mit geradem Rücken

Dass die Zuwendung des „privaten“ Hundefreundes dem Deutschen Schäferhund mehr als geschadet hat, beklagte bereits Rudolf Löns in seinem Buch „Die deutschen Schäferhunde“, das 1924 herauskam. Er schreibt im ersten Kapitel „Die Schäferhundfrage“: „Es ist kein Geheimnis mehr: die ungesunde Vermehrung des deutschen Schäferhundes der Sportzucht, im Volksmunde Wolfshund geheißen, ist auf Kosten der Schäferhundtugenden gegangen, und die weite Verbreitung dieses minderwertigen, zum Herdendienst nicht länger tauglichen Schäferhundschlages droht allmählich die ganze gute Schäferhundart auszurotten, indem er die wirklichen Arbeitsschläge alter Schäferzucht verdrängt oder mit seinem Blut verdirbt.“

Titelseite des Buches „Die Deutschen Schäferhunde" von Rudolf Löns

Heute wird der DSH in zwei Schlägen gezüchtet: Leistungs- und Hochzuchthunde. Hochzucht bedeutet aber nicht, wie bei einem so hochtrabenden Wort zu erwarten wäre, dass Hunde aus entsprechenden Linien besonders gesund und leistungsfähig wären, das Gegenteil ist der Fall. Sie werden grundsätzlich mit abfallender Rückenlinie gezüchtet, denn lt. Ritter von Stephanitz, dem Begründer der deutschen Schäferhundezucht (SV), ist der „Deutsche Schäferhund ein Traber" (Standard) und damit wird die gewünschte und hochprämierte Schräghecklage der Hochzuchthunde begründet. Als wäre es einfacher zu traben, wenn man auf den Knien durchs Leben rutscht. Solange die Hunde HD-frei sind, gilt auch noch die Vermutung, dass diese Körperhaltung ja niemals ungesund sein kann. Warum aber, das sollte man sich dann doch fragen, sind diese Hunde zu keiner Arbeit mehr zu gebrauchen, schon gar nicht zu der, für die sie ursprünglich vorgesehen waren? Auch gibt es keinen einzigen Wildcaniden, der auch nur andeutungsweise eine ähnliche Körperhaltung zeigt. Wäre diese Körperform tatsächlich das Gelbe vom Ei für die Fortbewegung von Caniden, dann hätte das nicht dem Menschen einfallen müssen. Wir können getrost davon ausgehen, dass sie sich im Laufe der Evolution durchgesetzt hätte.

Die Geschichte des DSH ist eines der traurigsten Kapitel in der Geschichte der Hundezucht. Nicht nur, dass die Hunde körperlich ruiniert werden, auch ihre „Nutzung“ als Sporthunde reicht den Züchtern eher zur Schande. Leistungszucht bedeutet heute nur noch in den seltensten Fällen, dass die Hunde für die Hütearbeit gezüchtet werden. Vielmehr bedeutet es, dass mit diesen Hunden vor allem Schutzdienst betrieben wird. Mit Hunden aus reinen Schutzdienstlinien erlebt man mittlerweile erschreckende Dinge. Sie zeigen sich von Welpenalter an zunehmend aggressiv allem und jedem gegenüber, schnappen nach allem, was sich bewegt und sind nur mit viel Geduld und Konsequenz zu vernünftigen Hunden zu erziehen. Dabei ist es nicht leicht zu unterscheiden, ob diese vom Züchter oft erwünschte (!) Schärfe an der Zuchtauswahl und Verpaarung liegt oder durch die Schmerzen bedingt ist, die durch eine kranke Skelettbildung entstehen. Vermutlich handelt es sich um eine fatale Mischung aus beidem. Freunde des DSH entschuldigen dann leider diese unerfreulichen Verhaltensweisen mit „rassetypischen“ Eigenschaften, da der Hund eben nun mal alles beschützt und bewacht. Die Fragen, die dann leider nicht gestellt werden, lauten: was ist positiv an einer Eigenschaft, die den Hund untauglich für seine ursprüngliche Arbeit macht? Und ist ein besonnener und ruhiger Hund, der nicht durch Schmerzen und übertriebene Schärfe angetrieben wird, vielleicht doch besser zum „Schützen und Bewachen“ geeignet?

Tatsache ist, dass DSH aus vernünftigen Zuchten durch ihre Gelassenheit und Ruhe auffallen und nicht durch übermäßige Aggressivität. Der DSH wäre eine wunderbarer Allrounder gerade für aktive Familien, da er in der Regel allen Familienmitgliedern sehr zugetan, bei konsequenter Erziehung leicht zu führen und für viele Aktivitäten zugänglich ist. Ebenso wäre er nach wie vor ein guter Hütehund. Die Hunde, die heute noch an der Herde arbeiten, beweisen das.

Abb. 7: Unterscheidung Herdengebrauchshunde - Koppelgebrauchshunde

Herdengebrauchshunde	Koppelgebrauchshunde
- Der Hund nimmt seinen Weg immer vorne um die Herde und schließt den Schäfer auf seinem Weg mit ein - Der Hund geht nie durch die Herde. - Der Hund hält sich nur vor oder neben der Herde auf, nie hinter der Herde. - Der Hund umkreist die Herde bei der Wanderung nie, ein Seitenwechsel erfolgt immer vor dem Schäfer.	- Der Hund geht auf 12 Uhr d.h. hinter die Herde und treibt dem Schäfer die Herde zu. - Der Hund geht in die Herde hinein und teilt Gruppen ab. - Der Hund treibt die Schafe am Ende der Herde. - Der Hund treibt die Schafe im Kreis und umrundet die Herde auch.
- Schwerpunkte in der Ausbildung: - Furche halten - Wehren:- beim Wandern - an der Furche - beim Ein- und Auspferchen - Stellen an Abzweigungen (Herde biegt ab) - Kippen der Herde (Herde dreht um) - Einholen der Herde (Schäfer zieht weiter) - Aufhalten der Herde - Arbeiten im Straßenverkehr - Wachsamkeit und -Verteidigungsbereitschaft	- Schwerpunkte in der Ausbildung: - Suchlauf - Balance finden: der richtige Abstand - beim Treiben - Aufhalten der Herde - Abtrennen eines Teils der Herde - Treiben im Kreis - Quertreiben = am Schäfer vorbei - Abholen verschiedener Gruppen
- Aufgabe: Der Hunde begleitet, bewacht und beschützt die Herde bei der Wanderung und sorgt dafür, dass die Schafe nur die genehmigten Weiden abgrasen, nicht die Feldfrucht daneben.	- Aufgabe: Der Hund holt die verteilte Herde oder Teile davon zusammen, treibt sie dem Schäfer zu, oder treibt die Herde von einer Koppel zur nächsten oder holt bestimmte Schafe, die der Schäfer ihm benennt.
Auf der Hut - Weidewirtschaft und Wanderleben, Bezirk Oberpfalz, 2003: - Anfänge der Wanderschäferei bereits im 14. Jhdt. - aktives Leiten der Herde durch Schäfer und Hunde oder andere Begleitpersonen	Dr. Johannes Caius, Leibarzt der Königin Elisabeth I. (1576): „Dieser Hund arbeitet nach der Stimme seines Meisters oder auf Handzeichen hin und bringt die verstreuten Schafe an den gewünschten Platz des Meisters, der dafür seine Füße nicht bewegen muss.“

Grundgehorsam – Beschäftigung – Ausbildung

Die Jagdsequenz als Grundlage guter Hüteeigenschaften

Die Arbeit der Hütehunde läßt sich aus der Jagdsequenz ableiten, die folgendermaßen aufgebaut ist:

Auffinden der Beute – Orientierungshaltung – Blickkontakt zur Beute – Anpirschen / Einkreisen – Hetzen / Scheuchen – Angriff / Packen – Töten – Zerlegen – Konsumieren oder Wegtragen.

Jeder Schritt ist defacto gleichwertig und das Jagen läuft in mehr oder weniger ausgeprägter Form immer so ab. Manchmal kann das Tage dauern, manchmal nur Stunden oder Minuten. Für Hütehunde wurden bestimmte Schritte durch Selektion verstärkt, andere unterdrückt, so dass sie möglichst nicht mehr vorkommen.

Beim Herdengebrauchshund wird daraus:

Orientierungshaltung – Blickkontakt zur Beute – anpirschen – hetzen – Angriff / Packen

Fuchs bei der Arbeit

Beim Koppelgebrauchshund wird daraus:

Auffinden der Beute – Orientierungshaltung – Blickkontakt zur Beute – anpirschen – hetzen – Angriff / Packen.

Bundesleistungshüten Lohmen 2014

Das bedeutet, dass Teile der Sequenz wie das Töten und Konsumieren so gründlich wie möglich unterdrückt werden und verschwinden sollen. Andere Teile sollen stärker ausgeprägt werden, z.B. Blickkontakt zur Beute, und wieder andere sollen in gemäßigter Form beibehalten bleiben.

Das erklärt auch die nach wie vor sehr starke Jagdleidenschaft von Hütehunden. Alle Autoren, die sich mit der Ausbildung von Hütehunden befassen, weisen darauf hin, dass der „Jagdtrieb“ nach Möglichkeit ausgemerzt werden muss und der Hund nicht einmal Mäuse selber fangen darf, da er sonst unter Umständen unkontrollierbar wird und selbständig zum Wildern geht, bzw. die Schafe und vor allem die Lämmer gefährdet. Diese Sorge ist gut nachvollziehbar und der Wunsch berechtigt, nur ist es leider eine Illusion, den „Jagdtrieb“, der in einigen Schritten züchterisch regelrecht gefördert wurde, zum Erlöschen zu bringen. Allerdings sollte man auch gut überlegen, warum Hunde jagen. Zum einen handelt es sich schlicht um „Nahrungserwerb“, den die meisten Hunde und ganz besonders arbeitende Hütehunde noch beherrschen. Dann könnte es durchaus sein, dass der Hund zu wenig zu fressen bekommt und einfach Hunger hat. Oder er fühlt sich in der Nähe des Schäfers nicht wohl, weil er schlecht behandelt wurde und deshalb lieber etwas macht, das er kann: jagen. Es ist also durchaus sinnvoll, die Ursachen für unerwünschtes Jagdverhalten genau zu ergründen, da man es sonst vermutlich nie abstellen kann.

Was einem allerdings bei guter Erziehung und vernünftiger Auslastung gelingen sollte, ist eine veränderte Prioritätensetzung des Hundes, dem die Arbeit an der Herde - oder auch andere sinnvolle Beschäftigungen - wichtiger ist als das Hetzen und Erlegen von Wild. Es ist deshalb wichtig, bei der Erziehung und Ausbildung von Hütehunden immer daran zu denken, dass sie nach wie vor am Jagen sehr stark interessiert und in der Lage sind, Wild zu erlegen. Sie sind nicht nur unglaublich schnell, sondern verfügen auch über eine enorm rasche Auffassungsgabe und - das ist von ganz entscheidender Bedeutung - haben im Erbgut auch die Fähigkeit, das Wild zu packen: der Griff, also das Packen der Beute ist allen Hütehunderassen eigen, auch Border Collies sind in der Lage, ein renitentes Schaf mit einem gezielten Biß zu maßregeln. Außer bei manchen Jagdhunden, die das Wild selbständig töten sollen, wie z.B. Windhunde, ist es nicht erwünscht, dass Hunde beißen und töten. Jeder, der nach wie vor dem Märchen erliegt, dass Hütehunde generell und grundsätzlich lieb und sanft, Schafen gegenüber von großartiger Sanftmut und jagdlich überhaupt nicht interessiert sind, sollte schleunigst davon Abstand nehmen. Sicher gibt es unter ihnen sehr sanfte Exemplare, die Schäfer bevorzugen allerdings meistens die härteren.

Selbstverständlich muss auch darauf geachtet werden, dass die Restsequenz vom Hundebesitzer jederzeit unterbrochen werden kann. Gerade ein Border Collie wird für andere Hunde oft unheimlich und unangenehm, wenn er pausenlos mit starrem Fixieren (Auge des Border Collies) um sie herumschleicht. Das bedeutet in Hundesprache: gleich greife ich an. Wer versäumt, seinem Collie von klein auf beizubringen, dass dieses Verhalten in vielen Situationen unterbrochen werden kann und muss, sollte sich nicht wundern, wenn er mit seinem Hund mehr als genug Probleme bekommt.

Welpenerziehung - Grundgehorsam

Hütehunde sind frühreif, da die Schäfer nie die Zeit hatten, jahrelang mit dem Hund zu arbeiten, ehe er aktiv und vollwertig an der Herde eingesetzt werden konnte. Das bedeutet aber, dass man ihnen so bald wie möglich den Grundgehorsam gut und gründlich vermitteln muss. Gerade wer nicht mit ihm an der Herde arbeitet, sollte sich genau überlegen, welche Kommandos und Signale er benötigt. Es geht im folgenden nicht darum, wie ein Kommando aufgebaut wird, sondern warum welche Kommandos von Anfang an mit einem Hütehund eingeübt werden müssen. Allerdings sollte man auch dabei darauf achten, dass man seinen Hund nie überfordert. Kurze und erfolgreich absolvierte Übungen, die Mensch und Hund Spaß machen, sind besser als pausenlose, ermüdende Wiederholungen und / oder zu schnelles Vorangehen und damit

Überforderung des Hundes. Je kleiner die Schritte am Anfang gewählt werden und je mehr Zeit man sich läßt, um so schnellere Fortschritte macht der Hund und um so mehr Freude haben beiden am gemeinsamen Arbeiten.

Aussie Welpe mit Gouvernante

Motivation

Schäfer legen in der Regel sehr viel Wert auf einen freundlichen Umgang mit ihren Hunden, auch wenn diese Regel durch unfreundliche Ausnahmen ergänzt wird. Der Hund ist nicht nur ihr Arbeitsgerät, sondern auch ihr Freund, mit dem sie oft tagelang allein unterwegs sind. So ein Hütetag kann lang werden und der vierbeinige Kollege kann an einem kalten und unangenehmen Tag ein rechter Trost sein. Deshalb arbeiten sie auch so viel wie möglich mit positiver Bestätigung und Lob, und nur im Notfall mit Strafe und / oder Zurechtweisung. Mit Futterbelohnung arbeiten sie nicht, da dies evtl. kontraproduktiv bei der Arbeit sein könnte. Viele zufriedene und gut erzogene Hütehunde beweisen, dass das möglich ist. Trotzdem kann jeder Nichtschäfer seinen Hütehund mit Futterbelohnung erziehen, dem steht sicher nichts im Weg. Mit positiver Motivation zu arbeiten ist allerdings unabdingbar. Für die meisten Hütehunde ist allein schon das Zusammensein und Arbeiten mit ihrem Menschen selbstbelohnend, wenn sie dann noch durch Lob und Leckerchen bestätigt werden, sollte einem guten Gehorsam nichts im Wege stehen.

Ein Strobel kann auch als Familienhund glücklich werden

Positive Motivation ist mehr als seinen Hund zu loben oder ihm für gut ausgeführte Anweisungen ein Leckerchen in den Mund zu stopfen. Wir müssen zwischen Primär- und Sekundärmotivation unterscheiden. Sekundärmotivation bedeutet, dass dem Hund für eine gute ausgeführte Aufgabe etwas Begehrenswertes in Aussicht gestellt wird. Da ist in erster Linie das Lob, das dem Hund auch sagt: das machst du gut, mach weiter so. Dann kommen Futterbelohnung, Körperkontakt /Streicheln oder Spiel. Spiel ist sehr schwer im richtigen Umfang einsetzen, meistens werden die Hunde dadurch unnötig aufgepuscht. Körperkontakt ist dann sinnvoll, wenn der Hund es auch als Belohnung versteht. Dies sollte er deutlich durch seine Körpersprache zeigen. Gerade Hütehunde werden von ihren Schäfer oft dadurch belohnt, dass der Hund am Schäfer hochspringt und in dieser Position geknuddelt wird. Von Altdeutschen hört man sehr oft, dass sie sehr zum Anspringen neigen, das kann durchaus der Grund dafür sein. Es ist deshalb weder ein Zeichen von Ungehorsam oder Dominanz, wenn Ihr Schwarzer Sie anspringt, sondern es ist die Art „ich freue mich" zu sagen, die seit hunderten von Generationen diesen Hunden mehr oder weniger angezüchtet wurde. Wenn Sie es ihm abgewöhnen möchten, denken Sie sich eine freundliche Alternative dazu aus.

Futterbelohnung ist eine sehr einfache und ruhige Art der Belohnung, die richtig eingesetzt, sehr gute Erfolge bringen kann und außerdem viel über die Befindlichkeit des Hundes aussagen kann. Wenn ein Hund permanent seine Futterbelohnung ausspuckt, könnte es dafür zwei Gründe geben: die Belohnung schmeckt dem Hund nicht, dann ist es auch keine Belohnung. Oder der Hund ist gestresst und kann nicht fressen, dann sollte man schleunigst an Stressreduzierung arbeiten.

Primärmotivation bedeutet, der Hund bekommt zur Belohnung das, was er im Moment gerade am meisten haben möchte, und ist damit höherwertig als Sekundärmotivation. Zur Primärmotivation zählt auch selbstbelohnendes Verhalten, bei dem sich der Hund einfach verschafft, was er möchte. Bei vielen Hunden ist tatsächlich Futter das Größte, allerdings nicht immer und unter allen Umständen. Gerade für Hütehunde ist eine der großartigsten Belohnungen, dass sie gemeinsam mit ihrem Menschen etwas machen: Schafe hüten, spazieren gehen, im Auto dabei sein, unterm Schreibtisch liegen, egal. Hauptsache, der Hund ist bei seinem Menschen. Unser Strobel Joschi war ein extrem bewegungsfreudiger Hund. Spaziergänge und Wanderungen von mehreren Stunden waren sein größtes Glück. Trotzdem konnte es passieren, dass er manchmal mehrere Tage hintereinander ein paarmal täglich nur 10-15 Minuten spazierengehen konnte, nämlich dann, wenn er mit meinem Mann bei der Arbeit dabei war. Mein Mann arbeitete als Kurierfahrer und Joschi war dabei. Ob man es glaubt oder nicht: er fand das großartig. Das Auto wurde zuverlässig und gut bewacht. Wer sollte auch in ein Auto eindringen, in dem ein großer, schwarzer Zottel sitzt? Er nahm großen Anteil am Fahren, es konnte also durchaus sein, dass er Überholmanöver von anderen mit deutlichem Mißfallen kommentierte. Und am tollsten war es für ihn, wenn ich - ebenfalls viel unterwegs im Außendienst - von den beiden „gefunden" wurde. Wir vermuteten, dass er meinen Mann für den tollsten Schäfer aller Zeiten hielt, da er diese permanent abgängige Frau, also mich, an den sonderbarsten Orten aufspürte. Selbstverständlich mussten wir an freien Tagen für den entsprechenden körperlichen Ausgleich sorgen, aber selbst im hohen Alter von 16 Jahren war es für ihn eine große Freude, wenn er mitfahren durfte und nur bei extremen Witterungsverhältnissen wie Hitze oder Frost zeigte er an, dass er lieber daheim bleiben wollte.

Man sollte also immer mit beidem arbeiten: mit der Sekundärmotivation, die der Hund am meisten bevorzugt und mit Primärmotivation, wo immer es möglich ist. Strafe und negative Motivation wie Meidemotivation sollte man vermeiden. Als Methode sollte man weder Strafe noch Meidemotivaiton einsetzen.

Aufbau und Einübung von Kommandos

Die Schäfer arbeiten grundsätzlich mit Hör- und Sichtzeichen und passen die Gehorsamsübungen ihren individuellen Bedürfnissen an. So bestehen sie beim Bei-Fuß-Gehen nicht auf einem strikten Linkslaufen, das sich im Alltag sowieso nicht als sehr tauglich erweist. Auch die Hörzeichen sind sehr variabel und entsprechen häufig den von Vorfahren übernommenen Kommandos. Da Hütehunde sehr aufmerksam sind und dazu neigen, mit ihrem Menschen in Sichtkontakt zu bleiben, bieten sich Sichtzeichen an, die auch auf weite Entfernung und / oder bei hohem Geräuschpegel gut verstanden werden. Schäfer arbeiten hier viel mit der Schippe, allerdings reichen für den Privatgebrauch auch Zeichen mit den Händen oder Armen. Die Schippe ist der Stab, den der Schäfer beim Hüten immer mitführt, damit führt er bestimmte Arbeiten aus wie z.B. Sichtzeichen für den Hund geben. Als Hörzeichen auf große Entfernung und bei hohem Geräuschpegel, z.B. Wind, eignen sich sehr gut Pfiffe, da hohe Töne weiter tragen. Ein weiterer Vorteil beim Pfeifen ist, dass die Signale emotionslos sind und damit an den Hund nur die Botschaft weitergeben und nicht die – evtl. aufgeregte – Stimmung seines Menschen. Da in extremen Situationen auch ein Pfiff „zittern", bzw. ein mit dem Mund ausgeführter Pfiff evtl. zu leise sein kann, empfiehlt sich der Gebrauch einer Pfeife.

Unabdingbar ist ein verläßliches Rückrufkommando. Hütehunde gehen naturgemäß weit weg von ihren Menschen, da dies bei der Hütearbeit auch erwünscht ist. Der Hund soll nicht am Kittel vom Schäfer kleben, sondern in großer Entfernung arbeiten und dort auch Anweisungen ausführen. Da sie aber über eine stark ausgeprägte Jagdleidenschaft verfügen, die besonders dann zum Tragen kommt, wenn der Hund nicht an der Herde arbeitet, ist es enorm wichtig, dass der Hund zum einen jederzeit zuverlässig abrufbar ist und zum anderen auch auf große Entfernungen Anweisungen befolgt.

Aktives Wehren: wenn das Schaf nicht nachgibt, wird der Hund noch mehr Druck machen

An einer guten Leinenführigkeit muss ebenfalls von Anfang an gearbeitet werden. Dabei ist zu beachten, dass Leinenführigkeit nichts mit „Bei-Fuß-Gehen" zu tun hat, sondern schlicht bedeutet, dass der Hund, ohne ein besonderes Kommando zu bekommen, an lockerer Leine läuft. Das dauerhafte Führen an einer kurzen Leine ist einer guten

Leinenführigkeit abträglich, da der Hund sonst bei jeder Gelegenheit ziehen muss, bzw. jede Hand- oder Armbewegung seines Menschen zumindest als Impuls registriert. Auch in Hinblick auf das Jagdverhalten muss ein Hütehund u.U. gerade als Junghund häufig an der Leine gehen. Also ist es unabdingbar, dass dies ordentlich geschieht. Eine Leine, die lang genug ist, ca. 3-5 Meter, gibt dem Hund genügend Freiraum zum Schnüffeln und Erkunden, er kann pinkeln und Kot absetzen, ohne den Menschen in seiner Bewegung zu stark abzubremsen. In der Regel sind die Hunde mit ihren Erkundungen bereits fertig, wenn der Mensch kurz stehenbleibt und abwartet oder langsam weitergegangen ist, ohne dass er stehen bleiben musste. Ein ständiges „Bei-Fuß-Kommando" ist schon deshalb abzulehnen, da es ein Unding ist, einen Hund über einen ganzen Spaziergang lang im Kommando zu halten, zudem übt dieses Kommando sehr viel Druck auf die Hunde aus. Hütehunde zeigen von sich aus oft an der Leine ein sehr nahes und lockeres Laufen beim Menschen, dies muss man nicht durch ein Kommando verstärken, es reicht vollkommen, dies durch Lob zu bestätigen.

Ruhekommandos wie „bleib" oder „steh" sind ebenfalls wichtig. Ein Hund, der auch auf Entfernung an der angegebenen Stelle in irgendeiner Form „bleibt", ist leichter zu lenken. Hunde, die Kommandos auf Entfernung ausführen, drehen sich in der Regel zu ihrem Menschen um. Damit ist aber ein sofortiger Blickkontakt gewährleistet, der einen evtl. notwendigen Rückruf deutlich vereinfacht. Auch „platz" auf Entfernung sollte man mit einem Hütehund unbedingt einüben. Border Collies zeigen dies oft von sich aus, bzw. lernen es sehr schnell. Deutsche Schäfer arbeiten oft lieber mit „steh", da es für ihre Hütearbeit besser ist. In der Regel wird der Hund kurz darauf wieder los geschickt und muss nicht erst liegen. Beim Antijagdtraining allerdings ist es sehr wertvoll, wenn man einen Hund, der bereits im Ansatz zum Losspurten ist, mit einem „platz" oder „down" dazu bringt, sich sofort hinzulegen. Ein liegender Hund hat wenig bis keinen Blickkontakt zum Wild und neigt auch weniger zum Losrennen als ein sitzender oder stehender. Auch hier legen sich die Hunde in der Regel so hin, dass sie ihren Menschen sehen können, häufig laufen sie noch ein paar Schritte in seine Richtung.

Der Hund sollte eine ruhige Abgabe aller möglichen Gegenstände von Anfang an lernen. Das bedeutet nicht, dass ich ihm ständig alles wegnehme, z.B. in seinen Freßnapf greife oder ihm Knochen oder Spielsachen einfach so abverlange, sondern dass er mir etwas im Tausch gegen etwas anderes begehrtes gibt. Die Unsitte, die nach wie vor üblich ist, einen Hund durch einen schmerzhaften Griff über die Schnauze zum Ausgeben zu bewegen, bewirkt entweder, dass er nichts mehr ins Maul nehmen möchte oder dass er mit allem, was er im Maul trägt, sofort das Weite sucht, sobald sich ihm jemand nähert. Im schlimmsten Fall entwickelt sich Beute- und / oder Futteraggression. Ausgeben oder

Tauschen muss immer und unter allen Umständen freundlich und mit viel Lob und Belohnung eingeübt werden, so man Wert auf Zuverlässigkeit und freudiges Mitmachen legt.

Selbstverständlich sollte auch eine gute Sozialisierung auf Menschen und Hunde sein. Welpen- oder Junghundspielstunden, bei denen die Hunde stundenlang toben, sollte man mit keinem Hund besuchen. Da Hütehunde sehr schnell und wehrhaft sind, ist die Wahrscheinlichkeit groß, dass man sich sonst einen Mobber heranzieht. Wenn Sie eine Hundeschule besuchen, vereinbaren Sie Grundgehorsam im Einzelunterricht mit der langsamen Integration in eine Erwachsenengruppe mit gut sozialisierten Althunden. Hütehunde sind nicht per se sozialverträglich. Artgenossen, die dem Hund nicht bekannt sind, werden eher als Störung betrachtet, da der Hütehund, auch wenn er nicht an der Herde arbeitet, immer etwas hütet, und sei es sein Mensch. Wer sich nähert, könnte auch ein Feind sein. Also muss er lernen, dass es normal und in Ordnung ist, wenn fremde Menschen und Hunde vorbeigehen und auch mal Kontakt aufnehmen.

Richtiger Umgang mit Hütehundeigenschaften

Alle Hütehunde haben die Anlage zum Wehren. Das bedeutet auch, dass alles, was sich in weiterer oder näherer Entfernung bewegt, besonders wenn es auf Mensch und Hund zukommt, aufmerksam beobachtet wird. Dem passiven Wehren (s. Kap. Weggrenzen - Furche - Wehren) kommt in der Hütearbeit eine zentrale Bedeutung zu, da es der Gefahrenvermeidung dient. Ein junger Hund, der dieses Verhalten zeigt, darf nicht daran gehindert werden, sondern er kann durch die Vorbildwirkung seines Menschen lernen, dass in unserer Welt nicht mit Feinden zu rechnen und es deshalb total in Ordnung ist, wenn sich alles mögliche auf dieser Welt bewegt, sich uns nähert und auch wieder entfernt. Leider hat sich die Ansicht eingebürgert, dass ein Hund alles ohne zu zögern und unwiderruflich angreift, was er sich genauer ansieht. Deshalb versuchen viele Menschen, ihren Hund sofort und wenn es sein muss mit Gewalt daran zu hindern, bewegliche Objekte zu beobachten. Diese Vorstellung und die daraus folgende Vorgehensweise ist vollkommen irrational und sehr häufig der Beginn problematischer Verhaltensweisen bei Hunden. Bei ruhiger Überlegung wird einem auch klar warum.

Ein Hütehund, der nicht registriert, was sich nähert, ist wertlos. Denn das genau ist eine seiner wichtigsten Aufgaben: sich nähernde Gefahren in Form von Räubern oder Beutegreifern rechtzeitig zu erkennen, den Schäfer evtl. darauf aufmerksam zu machen, die Schafe in Sicherheit zu bringen oder im Notfall die Gefahr selber abzuwehren. Im Notfall und nur dann, darf ein Hütehund sich von der Herde entfernen, um z.B. einen sich nähernden Beutegreifer zu attackieren, bzw. zu verjagen. Denn dieses Angreifen beinhaltet immer, dass auch der Hund verletzt oder sogar getötet werden kann. Auch auf die Gefahr hin, dass ich mich wiederhole: der Zweck des Hütens ist das ruhige Weiden der Schafe. Die Ruhe und Sicherheit der Schafe gehen über alles. Ein Hund, der bei jeder sich bietenden Gelegenheit abzischt, um sich mal eben eine Schlacht zu liefern, egal mit wem oder was auch immer, ist für den Schäfer vollkommen wertlos. Denn wer bewacht in der Zwischenzeit die Herde? So ein Hund handelt unüberlegt und die Herde wäre für potentielle Räuber eine leichte Beute. Man kann beruhigt davon ausgehen, dass dieser Hund nicht lange überlebt hätte. Heutzutage landet er vielleicht im Tierheim, aber ganz sicher wäre dies eine absolut unerwünschte Verhaltensweise. Der Schäfer hätte in unserer überbevölkerten Welt keine ruhige Minute mehr. Bei jedem Schatten, der sich in der Ferne bewegt, müsste er Angst haben, dass sein Hund weg ist.

Herde, Schäfer und Umgebung werden beobachtet

Ein arbeitender Hütehund in der Lehrlingsphase lernt durch das Beispiel der bereits erwachsenen Hunde, wie er sich in solchen Situationen zu verhalten hat: ruhig bleiben, aufmerksam und bereit sein, beim Schäfer nachzufragen, was zu tun ist. Und wenn kein erwachsener Hund da ist? Wir können schließlich nicht davon ausgehen, dass jeder Schäfer immer Hunde hat, die den jungen zeigen, wo's lang geht. Dann muss er es vom Schäfer lernen. Und das wird er bereitwillig tun. Denn Erziehung heißt: ich zeige dir, wie die Welt so ist und wie du dich verhalten kannst, damit wir gut durchkommen. Kommandos und Signale einzuüben sind nur ein Teil der Erziehung und nicht der Kern. Das steht im krassen Gegensatz zu dem was üblicherweise als Erziehung angepriesen und propagiert wird.

Stellen Sie sich bitte einen Schäfer an der weidenden Herde vor. Ich wette, in Ihrem Kopf entsteht ein Bild ähnlich dem, das ich in der Einleitung beschrieben habe, nur eben in Ruhe: der Schäfer steht da, auf seinen Stock gestützt, die Schafe grasen mehr oder weniger verteilt auf der Wiese und der Hund läuft in seiner Furche. Ein Bild der Ruhe und des Friedens, weit und breit kein Anzeichen von Gefahr oder Panik, auch nicht wenn ein Moped vorbeikurvt, ein Reiter seine Bahnen zieht, eine Truppe Mountainbiker vorbeifährt oder ein Hubschrauber drüberfliegt. Spaziergänger, Jogger und Radfahrer können mit oder ohne Hund vorbeigehen, ohne massakriert zu werden. Panik zu verbreiten wäre jetzt so ungefähr das Letzte, was der Schäfer brauchen kann. Denn zum einen ist einfach alles wie es eben ist und nicht der Schimmer einer Gefahr ist vorhanden, zum anderen ist ein unerfahrener Hund wegen des beispielhaften Verhaltens seines Schäfers durchaus in der Lage diese Situation als ungefährlich einzustufen. Mit seiner Ruhe und Gelassenheit zeigt er einem evtl. noch unsicheren Hund: alles in Ordnung, mach deinen Job weiter, ich habe alles im Griff. Die Vorbildfunktion, die einfach so funktioniert, wenn der Jungspund mit einem Althund an der Herde das Arbeiten lernt, kann ohne weiteres der Mensch übernehmen. Sie ein wichtiger Faktor in der Erziehung, der häufig vernachlässigt und unterschätzt wird.

Es braucht nicht viel, um mit einem Hütehund so weit zu kommen. Wichtig ist allerdings die Erkenntnis, dass wir in Mitteleuropa sehr sicher leben und nicht hinter jedem Busch die Räuber und Mörder lauern. Mindestens genauso wichtig ist die Erkenntnis, dass jeder Hund sich an seinem Menschen orientiert, wenn er keinen erwachsenen Hund hat, der ihm die Welt zeigt. Wenn Sie also bei jeder Gelegenheit erschrecken oder Ihren Hund scharf ansprechen, sowie sich ein Fußgänger am Horizont zeigt, sollten Sie sich nicht wundern, wenn Ihr Strobel oder Harzer Fuchs in Windeseile Fußgänger und andere Passanten als große Gefahr erkennt. Als Folge wird er alles tun, um diese Gefahr von Ihnen fernzuhalten. Sehr viel besser ist schon, wenn Sie ihm ein Signalwort beibringen, das ihm sagt: alles in Ordnung. Es ist kein Problem, das genauer zu betrachten, was der Hund Ihnen zeigt. Sehen Sie sich in aller Ruhe den Jogger, Traktor, die Truppe Mountainbiker oder was auch immer an, und sagen Sie Ihr Signalwort. Er wird sehr schnell verstehen, was sich alles auf der Welt tummeln darf, nämlich ca. 100% aller Menschen und Tiere, die wir im Alltag eben so treffen.

Unser Strobel Joschi beherrschte das Wehren perfekt und er setzte es bevorzugt ein, wenn ich alleine mit ihm unterwegs war. Sobald sich uns jemand näherte, z.B. ein Radfahrer von hinten, blieb er zurück und bestimmte sein Tempo so, dass er gleichzeitig mit dem Radfahrer auf gleicher Höhe mit mir war. Selbst auf schmalen Wegen schaffte er es immer, dass er sich zwischen mir und dem Radfahrer befand. Dann beschleunigte er, so dass er etwas langsamer als der Radfahrer war, bis sich dieser ca. 30-40 Meter, von mir entfernt hatte. Diese Entfernung stufte er als ungefährlich ein. Dann kam er zu mir zurück. Als Beschwichtigungssignal kennt man ein entsprechendes Verhalten als „splitten". Da ich leider erst nach seinem Tod erfuhr, was für einen Hund wir da hatten, konnte ich dieses Verhalten lange Zeit nicht einordnen, allerdings war mir schon klar, dass er mich beschützen wollte. Dies tat er aber für Uneingeweihte sehr unauffällig und ich habe ihn nie daran gehindert. Bei jedem, der mich auf der Straße ansprach, stellte er sich dazwischen, ganz ruhig und ohne Aufsehen zu erregen. Falls tatsächlich einmal eine Begegnung Ausmaße annahm, die er nicht in Ordnung fand, z.B. eine erregte Diskussion, dass ich meinen Hund hier nicht frei laufen lassen durfte, rückte er dem „Angreifer" etwas näher und es konnte in extremen Situationen, die höchstens zwei oder drei Mal in zehn Jahren vorkamen, schon passieren, dass er anfing zu bellen. Da wir niemals ernsthaft bedroht waren, hatte er es auch nie nötig, mehr zu unserer Sicherheit zu tun.

Jagdverhalten

Im Alter von ca. 6 Monaten fangen die meisten Hunde an, das Jagen zu üben. Sie tun dies in der Regel mit Joggern, Fahrradfahrern und ähnlichen Objekten, die sich schnell nähern, vorbeilaufen oder fahren und sich schnell entfernen. Dabei kann man so gut wie immer beobachten, dass der Hund den sich nähernden Jogger fixiert, bis er bei ihm ist und sowie er auf gleicher Höhe ist, springt er ihn an. Das sieht anfangs vielleicht putzig und spielerisch aus. Allerdings ist dies nichts anderes als Jagdverhalten, denn alle Hunde üben ihre Verhaltensweisen erst mal im Spiel. Jogger und Radfahrer finden diese Spiel allerdings nicht lustig. Der Hund muss also sowohl lernen, ruhig auf der Seite zu warten, bis der Jogger /Radfahrer vorbei ist, als auch ihm einfach auszuweichen, sei es durch einen kleinen Bogen oder durch Weggehen. Für den Fall, dass ein Ausweichen im Bogen oder auf die Seite nicht möglich ist, bietet es sich an, dem Hund beizubringen, seinen Menschen zwischen sich und den entgegenkommenden Jogger zu bringen. Viele Welpen machen das von sich aus, wenn man das bemerkt, sollte man es loben und bestärken. Dabei spielt es keine Rolle, ob der Hund rechts oder links läuft, näher oder weiter weg, der entscheidende Punkt ist das Laufen an der Seite mit lockerer Leine. Ebenso sollte man mit ihm regelmäßig Wild beobachten, damit er lernt, es in Ruhe zu lassen. Wildgehege eignen sich dafür recht gut, denn Gehegewild flieht in der Regel nicht, sondern bleibt ruhig, wenn Hunde in der Nähe sind. Grundkommandos kann man hier gut und sicher festigen. Wenn dies am Gehege schon gut klappt, sollte man immer mal wieder versuchen, Wild im Freien ausfindig zu machen, zumindest sollte man in

Gegenden spazieren gehen, in denen viel Wild unterwegs ist, so dass der Hund mit dem frischen Wildgeruch vertraut wird. Er soll hier lernen, dass man immer und unter allen Umständen auf dem Weg bleibt und es hier festgelegte Grenzen, z.B. die erste Baum- und Buschreihe gibt. Ruhige Wildbegegnungen, bei denen der Hund lernt, dass Wild uns einfach nicht interessiert, sind das Ziel. Dazu sollte der Hund im Wald solange an der Leine geführt werden, bis er tatsächlich begriffen hat, um was es geht und zuverlässig auf Anweisungen reagiert. Sehr gut bewährt hat es sich, den Hund für das Anzeigen von frischen Fährten und Wild in der Nähe zu bestätigen. Da gerade Hütehunde immer innig mit ihren Menschen verbunden sind und auf Lob sehr gut reagieren, eignet sich diese Methode für sie hervorragend. Man muss sich bewußt machen, dass ein Hund, dessen Aufgabe es ist, ruhig und gelassen eine Herde potentieller Beutetiere zu bewachen und zu begleiten, durchaus in der Lage ist, ruhiges und gelassenes Beobachten freilebender Beutetiere wie Rehe zu erlernen.

Pausen

Bei allem muss man immer beachten, dass der junge Hund genügend Pausen bekommt, damit er das Gelernte gut verarbeiten kann. Hütehunde haben beim Schäfer oft und lange Pause, z.B. im Winter, wenn es nicht möglich ist, auf die Weide zu gehen, aber auch dann, wenn der Schäfer mehrere Hunde hat und nicht immer alle mitnimmt oder mitnehmen kann. Dann kann es durchaus sein, dass die Hunde mehrere Tage oder auch Wochen defacto arbeitslos sind. Jeder vernünftige Mensch wird sich für diese Zeit eine Beschäftigung für die Hunde ausdenken, damit sie nicht anfangen Unfug zu machen. So arbeiten in diesen Zeiten manche Schäfer immer mal wieder Standardsituationen durch, um die Arbeit routinierter und sicherer zu machen, bzw. um den jungen Hunden das Arbeiten an der Herde beizubringen. Aber trotzdem verbringen sie zu diesen Zeiten viel Zeit alleine oder mit den anderen Hunden, an der Kette oder im Zwinger, in den seltensten Fällen sind sie dauerhaft sich selbst überlassen.

Verdiente Pause nach einem Hütetag

Natürlich soll man seinen Hütehund nicht im Zwinger aufbewahren und Kettenhaltung ist ebenfalls unnötig. Beides sollte für Hunde heutzutage erst gar nicht zur Debatte stehen. Aber einen ruhigen und geschützten Platz in Ihrer Nähe, wo er ausreichend Gelegenheit hat zu ruhen und zu schlafen, und lange Pausen zwischen den Übungseinheiten müssen Sie ihm auf alle Fälle gewährleisten. Deshalb ist auch nicht so dramatisch, wenn mal ein paar Tage nichts großartiges passiert. Für die Hunde ist es besser, wenn regelmäßig mit ihnen gearbeitet wird, aber nicht zu oft. Der tägliche, ausgiebige Spaziergang muss auf jeden Fall absolviert werden.

Auslastung und Beschäftigung

Für die Arbeit an der Herde muss unbedingt ein vernünftiger Ersatz gefunden werden, bei dem der Hund nicht nur körperlich, sondern auch geistig gut ausgelastet wird. Dabei ist alles zu vermeiden, was ihn aufpuscht, unter Druck setzt, Aggression fördert und körperlich einseitig oder zu stark belastet. Bei jungen Hunden sollte man auch vermeiden, dass sie zuviel springen. Meistens kann man einen sprungfreudigen Hund nicht daran hindern, aber man sollte es nicht auch noch fördern.

Ideal sind alle Varianten der Nasenarbeit, egal ob Fährte, Mantrailing oder Apportieraufgaben. Hütehunde werden beim Fährten/Mantrailing manchmal durch ihre Eigenart, sehr eng mit dem Menschen zusammen zu arbeiten, daran gehindert, richtig gute Fährtenhunde zu werden. Der ideale Fährtenhund oder Mantrailer arbeitet zwar mit seinem Menschen zusammen, aber sehr selbständig, da er nur seiner Nase folgt und kein Mensch das nachvollziehen oder ihm dreinreden kann. Ein guter Mantrailer fragt nur dann bei seinem Menschen nach, wenn er sicher weiß, dass er die Spur verloren hat und nicht mehr weiter weiß, und auch das muss man ganz gezielt trainieren, weil sonst viele Hunde einfach weiterlaufen, in der Hoffnung, die Fährte wieder zu finden. Hütehunde fragen aber sehr schnell nach, ob das, was sie machen, auch richtig ist. Zudem werden sie oft durch ihr sehr gutes Gehör abgelenkt und aus der Konzentration gebracht. Das bedeutet aber nicht, dass man es nicht trotzdem versuchen sollte. Es gibt viele begabte Mantrailer unter ihnen.

Weißer Schäferhund beim trailen

In einem meiner Mantrailerseminare waren eine Schwarze und ein Cocker Spaniel gemeldet. Während wir der Schwarzen wirklich zeigen mussten, was wir meinten, verstand der Spaniel sofort, worum es ging. Innerhalb von zwei Tagen lief er jeden Trail wie auf Schienen, eigentlich musste man mit ihm nur noch die einzelnen Problemstellungen wie Warten auf dem Trail oder Stehenbleiben an einer Straße zeigen und an der Kondition arbeiten. Die Aufgabe selber war für ihn kein Thema. Die Schwarze verstand zwar auch, was die Aufgabe war. Aber es war für sie sehr schwer, dass sie diese Aufgabe allein und ohne Hilfe ihres Frauchens meistern sollte. Das bedeutet, dass man für die Ausbildung eines Hütehundes zum Mantrailer wesentlich mehr Aufwand betreiben muss als z.B. bei einem Cocker Spaniel oder Beagle.

Apportieren ist bei den meisten Hunden sehr beliebt. Sauber aufgebautes Apportieren ist eine wunderbare Sache, bei der man auch nicht viel Ausrüstung benötigt. Es läßt sich in jeden Spaziergang einbauen oder auch auf einer leeren Wiese in der Nachbarschaft oder im eigenen Garten durchführen. Selbst beim sehr komplexen Einweisen haben sich Hütehunde als sehr begabt erwiesen, da ihnen hier ihr Talent auf Entfernung mit dem Menschen zu arbeiten entgegen kommt.

Schäferhundmix beim Apportieren

Zur körperlichen Auslastung lassen viele Menschen ihre Hunde neben dem Fahrrad herlaufen. Das kann bei einem Hütehund sicher sinnvoll sein, solange es nicht die einzige Beschäftigung ist, die ihm angeboten wird, und wenn es langsam aufgebaut wird, so dass der Hund nicht überfordert wird. Wichtig ist dabei ein guter Grundgehorsam, da der Hund so viel wie möglich frei laufen sollte, damit er sein eigenes Tempo bestimmen kann. Er muss immer traben können, Galopp ist auf Dauer viel zu anstrengend und auch schlecht für die Gelenke. Beim Trainingsaufbau geht man am besten vor wie beim Aufbautraining für Joggen, also in kleinen Etappen wechseln zwischen Laufen am Rad und Gehen, wobei die Laufeinheiten langsam länger und die Geheinheiten im Gegenzug langsam verkürzt werden. Die Strecken, die man dazu wählt, sollten immer so sein, dass der Hund auf weichem Untergrund laufen kann, harter Boden belastet die Gelenke. Idealerweise läßt man den Hund das Tempo bestimmen, bzw. steigt auch mal ab und wartet auf seinen Hund, so dass er unterwegs auch ohne Stress schnüffeln und sich lösen kann. Grundsätzlich ist aber zu sagen, dass für viele Hundehalter das Fahrradfahren mit Hund häufig eine recht einfache Lösung - für den Menschen - darstellt, wie man seinen Hund „effektiv" bewegt. Es sind aber so viele Dinge zu beachten, wie Aussentemperatur (ab 20° sollte man dringend Abstand davon nehmen), Fellbeschaffenheit des Hundes (dichtes, dunkles oder leichtes, helles Haarkleid) Untergrund, Länge der Strecke....., dass es mehr als fraglich ist, ob es sich tatsächlich um eine vernünftige Auslastung oder nicht eher eine bequeme Erledigung des Menschen der offenbar unangenehmen Pflichtübung Spaziergehen mit dem Hund handelt.

Falls man sich für Sportarten wie Agility entscheidet, ist darauf zu achten, dass das Training ruhig und behutsam durchgeführt wird. Gute und sichere Führung ist hier von entscheidender Bedeutung und bewirkt eine gute Führbarkeit des Hundes. Zu frühes und besonders ständiges Springen, hektisches Hetzen über die Hindernisse und extreme Verdrehungen des Körpers sind die Folgen eines schlechten Trainings und schlechter Führung, dadurch werden die Gelenke und das gesamte Skelett viel zu stark belastet. Grundsätzlich gilt, dass Hunde, die 10 Kilogramm und mehr wiegen, sehr schnell gesundheitliche Schäden davontragen. Die vielen Sprünge können die zarten Knochen der Füße und die Gelenke unwiderruflich schädigen.

Zusätzlich werden die Hunde stark gestresst. Hütehunde sind schnelle Hunde, die Schnelligkeit kommt mit zunehmender Übung und muss nicht forciert werden. Unweigerlich wird man aber versuchen, seinen Hund schneller zu machen, weil die benötigte Zeit ein wichtiges Kriterium bei Turnieren ist. Auch sollte man es mit dem Training nicht übertreiben, einmal pro Woche eine Stunde in einer Gruppe von max. 5-6 Hunden ist vollkommen ausreichend, besonders wenn den Hunden dabei ausreichend Gelegenheit zum Sozialkontakt gegeben wird. Überlegen Sie es deshalb sehr genau, ob Agiltiy wirklich das ist, was ihr Hund braucht und ihn glücklich macht. Ein maßvolles Gerätetraining, bei dem der Hund lernt, Hindernisse zu überwinden, auf schmalen Baumstämmen zu balancieren, fördert das Selbstvertrauen und das Körpergefühl und sind vorzuziehen. Es ist auch etwas, das man gut in den Alltag und auf den täglichen Spaziergang übertragen kann, denn Baumstämme zum Balancieren finden sich fast überall.

Schwarze beim Agility

Eine relativ neue Hundesportart, die auch und gerade für Hütehunde häufig empfohlen wird, ist Treibball. Hier muss der Hund durch Anstupsen den Ball gelenkt durch Zurufe oder Pfiffe zu einem bestimmten Ziel bringen. Angeblich wird hier nachgeahmt, wie Hunde Schafe in Bewegung bringen oder sie in bestimmte Richtungen treiben. Nach allem, was Sie hier gelesen haben, wissen Sie, dass das so nicht sein kann. Wer das behauptet, hat in seinem ganzen Leben noch nie einen arbeitenden Hund an der Herde gesehen. Ein Hund, der die Schafe schubst oder durch massiven Körpereinsatz vorantreibt, ist sowohl bei der Koppelarbeit als auch beim Hüten und Ziehen vollkommen untauglich, da er die Schafe viel zu sehr aufregt und beunruhigt. Wer seinen Hütehund am Treibball ausbilden möchte, sollte sich also bewußt sein, dass das mit Hüten nicht das Geringste zu tun hat. Und man sollte sich darüber im Klaren sein, dass die Hunde ihre jagdlichen Talente ausbauen und evtl. auch einmal in freier Natur ausprobieren möchten.

Bei Beschäftigungen wie Frisbee sollte man beachten, dass sie besonders das Jagen befördern und gesundheitlich mehr als bedenklich sind. Selbst eingefleischte Fans dieser Sportart raten dazu, das Gelände zuvor nach Fallen abzusuchen, bei denen sich der Hund verletzen kann, z.B. Mauselöcher, Gräben, Gegenstände, die herumliegen oder ähnliches. Defacto dürfte es illusorisch sein, dass man das sicher hinbekommt. Zudem werden die Gelenke auf eine Art und Weise belastet, die der Gesundheit sicher nicht zuträglich ist. Alle diese Beschäftigungen, die vor allem darauf abzielen, den Hund „auszupowern", sind extrem stressend für Hunde. Bei jedem Losspurten bekommen sie einen Adrenalinstoß, es wird schlagartig eine große Menge Adrenalin ausgestoßen, die bewirkt, dass der Hund in einen immer höheren Erregungszustand gerät. Auf diese Art werden Ball- oder Frisbeejunkies erzeugt, und es kann ja wohl nicht sinnvoll sein, seinen Hund zur Abhängigkeit eines Spielzeugs zu erziehen.

Tricks sind ebenfalls eine beliebte Art der Beschäftigung. Für manche Hunde stellt sich allerdings oft die Frage nach der Sinnhaftigkeit ihres Tuns. Es gibt durchaus Hunde, die etwas nicht machen möchten, weil sie entweder nicht verstehen, warum sie es tun sollen, oder weil sie es unter ihrer Würde finden. Falls Sie also einen sehr auf seine Würde bedachten Hund haben, plagen Sie ihn nicht mit Tricks, die er blöd findet. Allerdings können gerade Arbeitshunde gut zwischen Arbeit und Spiel unterscheiden. Wer je zugesehen hat, wie ein Hütehund sich freuen und mit seinem Schäfer rumalbern kann, wenn die Herde endlich eingepfercht ist, versteht, was ich meine. Zeigen Sie Ihrem Hund also ganz klar: jetzt wird's lustig und wir haben beide Spaß dran. Gerade kompliziertere Übungen wie das Springen durch den Armreif erfordert vom Hund eine hohe Konzentrationsfähigkeit und viel Vertrauen in seinen Menschen. Übungen wie Türen schließen dagegen können Sie auch einem Hund beibringen, der lieber ernsthafte Aufgaben erledigt. Für manch einen Hund ist es wichtig, dass das Erlernte im Alltag anwendbar ist. Warum also sollten Sie ihm den Gefallen nicht tun? Auch Gehorsamsübungen können wie Tricks aufgebaut werden.

Zu Hüteseminaren wurde hier schon einiges gesagt. Ich rate aus verschiedenen Gründen davon ab. Zum einen halte ich es nicht für zulässig, bei einem Hund ein Bedürfnis zu wecken, das man auf Dauer nicht befriedigen kann. Denn kaum jemand wird sich extra für seinen Hütehund 50 oder mehr Schafe zulegen. Ihr Hund könnte durchaus auf die Idee kommen, seine neu erworbenen Kenntnisse an Nachbars Hühnern, seinen Kühen oder Katzen auszutesten. Damit werden Sie sich aber keine Freunde machen. Schafe sind zudem keine lebenden Treibbälle, sie haben eigene Vorstellungen von einem guten Leben und sie haben ein Recht darauf, dass man sich um sie entsprechend kümmert. Wer sich so sehr in eine Gelbbacke oder einen Strobel verliebt, dass er meint, ohne nicht mehr leben zu können, sollte sich einen Hund suchen, der nicht unbedingt an der Herde arbeiten möchte. Das gibt es durchaus und dann erledigt sich dieses Thema - nicht zuletzt auch zugunsten der Schafe.

Stress

Ein Grund, warum ein Hütehund Stress haben kann, ist die Tatsache, dass viele seiner Verhaltensweisen nicht oder falsch verstanden werden. So wie die große Aufmerksamkeit der Hunde (s.o.) oft als Bereitschaft zum Angreifen fehlinterpretiert wird, so werden auch andere typische Eigenschaft falsch eingeordnet. Das sehr große Bewegungsbedürfnis, das sie nunmal haben, versucht man häufig durch exzessives Spielen oder extreme Radtouren zu befriedigen. Was dabei aber übersehen wird ist, dass dies rein körperliche Beschäftigungen sind, die den Hund geistig nicht einmal ansatzweise beanspruchen. Sie können das vergleichen mit einem hochmusikalischen Kind, das kein Instrument lernen darf, dafür aber eine Stereoanlage und 1000 CDs geschenkt bekommt. Auch wenn dieses Kind ab sofort seine ganze Zeit vor der Stereoanlage verbringt, ist das noch lange kein Ersatz für Klavierspielen, Singen oder Komponieren.

Man kann nicht oft genug betonen, dass falsche Auslastung einer der Hauptgründe für Stress bei Hunden, insbesondere bei Hütehunden ist. „Falsch“ kann sowohl Über-, als auch Unterforderung sein. Ein Hund, der ständig mit Schleudermaschinen, die ihm den Ball hunderte von Metern weit schleudern, in Bewegung gehalten wird, ist körperlich gnadenlos überfordert, da er ständig von 0 auf 100 beschleunigen muss, um beim Ball abrupt abzubremsen, was für das Skelett und die Gelenke nicht gesund ist. Zudem hat er bei jedem Losstarten einen Adrenalinstoß vom feinsten. Das Hetzen hinter dem bewegten Ball ist vergleichbar mit der Phase „Hetzen / Scheuchen“ in der Jagdsequenz. Wenn ein wildlebender und von Beute abhängiger Canide sich entscheidet, ein bestimmtes Tier anzugreifen, dann darf ihn nichts mehr aufhalten. Er wird mit allen Kräften versuchen, dieses Tier zu erlegen, kein Schmerz und keine Ablenkung kann ihn daran hindern. Dazu braucht er das Adrenalin, das ihm hilft alle zur Verfügung stehenden Kräfte zu mobilisieren. In diesem Beispiel erwischt er entweder seine Beute und kann die ausgeschütteten Stresshormone wieder beim Fressen und der Ruhe danach abbauen, oder er bricht den Versuch rechtzeitig ab, weil er scheitern wird, und wird erstmal eine längere Pause einlegen, um wieder zu Kräften zu kommen. Ein Hormonstoß von ca. 10 Minuten benötigt ca. 6-8 Stunden um abgebaut zu werden, wenn nichts anderes dazwischen kommt. Dieser Hormonstoß wird jedesmal erfolgen, wenn ein Hund hinter einem Ball oder der Frisbeescheibe hersprintet. Man kann sich gut vorstellen, was im Körper eines Hundes abgeht, der täglich stundenweise auf diese Art „ausgelastet" wird. Selbst eine halbe Stunde jeden Tag ist da schon viel zu viel. Andererseits ist dieser Hund geistig vollkommen unterfordert, denn zum Hinterherrennen braucht man kein Hirn, nur schnelle Beine.

Auch die falsche Einschätzung von Verhaltensweisen wie der erhöhten Aufmerksamkeit bei sich nähernden Objekten oder Personen, wie weiter vorne beschrieben, führt für einen Hütehund zu großem Stress, da er nie lernt, diese Situationen, die für seine Arbeit überlebenswichtig sind, richtig zu interpretieren. So wie diese Hunde wissen - im wahrsten Sinne des Wortes - was Laufen in der Furche bedeutet oder dass Menschen und Hunde nichts auf Weidegründen zu suchen haben, genauso wissen sie, dass sie den Unterschied zwischen gefährlichen und ungefährlichen Begegnungen lernen müssen, um ihre Arbeit richtig machen zu können. Hütehunde wollen immer alles richtig machen, sie warten regelrecht darauf, dass wir ihnen sagen, was zu tun ist. Wenn sie keine nachvollziehbaren Anweisungen bekommen, versuchen sie selber eine Lösung in unserem Sinn zu finden, und das geht meistens in die Hose. Das bedeutet aber Stress in mehrfachem Sinn: der Mensch weiß nicht, wo's lang geht, der Hund muss deshalb die Entscheidung übernehmen, macht alles falsch - zumindest aus Sicht des Menschen, und wird deshalb gerügt, bestraft, korrigiert, was auch immer, jedenfalls wird so auf ganzer Linie jede Menge Ratlosigkeit und Stress verbreitet.

Das Thema „Stress bei Hunden" ist äußerst komplex und betrifft besonders Hunde, die falsch ausgelastet sind. Wer sich dazu näher informieren möchte, dem empfehle ich das Buch von Martina Scholz und Clarissa von Reinhardt „Stress bei Hunden", animal learn Verlag.

Wer sich also einen Hütehund zulegt, sollte dies nicht nur deshalb tun, weil es wunderschöne und spannende Hunde sind, mit denen man viel unternehmen kann, er sollte sich auch gründlich - und das geht über die Lektüre dieses Buches hinaus - über die Eigenschaften und hundgerechten Einsatzmöglichkeiten informieren und sich gut überlegen, ob er so einem Hund gerecht werden kann - oder eben nicht. Sich einen Hütehund ins Haus zu holen nach dem Motto: ich möchte einen Hund, der mich fordert, ist nicht unbedingt eine gute Voraussetzung, zumindest nicht, wenn man nicht wirklich weiß, was auf einen zukommt und man sich nicht darüber im Klaren ist, dass und wie man diesem Hund gerecht werden kann.

Ausbildung zum Herdengebrauchshund (Hütehund)

Da es gute und ausführliche Literatur über die Ausbildung von Herdengebrauchshunden gibt, soll hier nur der Vollständigkeit halber darauf eingegangen werden. Dabei beziehe ich mich auf „Hirten- und Hütehunde" von Karl Hermann Finger und „Ausbildung von Hütehunden" von Hans Chifflard und Herbert Sehner. In den entscheidenden Punkten sind sich die Autoren einig. Was im folgenden geschildert wird, stellt gewissermaßen den Idealfall dar. Dass manche Schäfer und Ausbilder mit unfreundlichen Methoden arbeiten, soll hier weder bestritten noch beschönigt werden.

Hans Chifflard und Herbert Sehner nennen als Grundsätze für die Ausbildung (S. 72):

- Der Hund muss bei allen seinen Bewegungen an der Herde seinen Weg stets vorne um die Herde nehmen und dabei den Hundeführer in seinen Weg mit einbeziehen, denn der Hundeführer gehört zur Herde, bzw. an deren Spitze.
- Jegliche Beschäftigung des Hundes am Ende der Herde oder gar hinter ihr bringt Unruhe, Aufregung, Hast, Zusammenballung und Absprengen der Schafe mit sich.
- Der Hund darf niemals seinen Weg durch die Herde nehmen.
- Beim Hüten darf es nie ein Umkreisen der Herde durch den Herdengebrauchshund geben. Dies wird nur geduldet bei Pflegearbeiten an der Herde, damit der Schäfer die zu behandelnden Tiere leichter mit der Schippe fangen kann.
- Durch eine ruhige Führung kann man den Hund am unnötigen Hin- und Herrennen an der Herde hindern. Ein ständiges Kläffen während der Hütearbeit ist zu unterbinden.

Aus dieser Aufzählung kann man sehr deutlich erkennen, dass der zentrale Punkt die Ruhe für die Schafe ist. Alle Autoren betonen, dass Strafe und Maßregelung zwar nötig sein können, aber nur angewendet werden dürfen, wenn es anders nicht geht. Und noch ehe der Hund an der Herde arbeitet, muss er einen guten Grundgehorsam beherrschen, alle Punkte wie abrufen, Leinenführigkeit, Bei-Fuß-Gehen, Kommandos auf Entfernung, „steh" und „platz" müssen auch schon unter Ablenkung sitzen. Aus diesem Grund werden

Kommandos in der Zeit der Erziehung zum Grundgehorsam auch immer mal in der Nähe von Schafen geübt. Der Hund soll es einfach normal finden, dass Schafe in der Nähe sind.

Das steht in krassem Gegensatz zu dem, was als „Hütetraining" auf Seminaren oft angeboten wird. Es ist ein großer Unterschied, ob ein Hund Schafe als Bestandteil seines Lebens auf dem Schafhof bereits kennt und in ihrer Nähe schon Gehorsamsübungen absolviert hat, oder ob er als Familienhund mit Besuchen in einer normalen Hundeschule aufgezogen wurde und als Junghund oder Erwachsener mit einer Herde zum ersten Mal konfrontiert wird. Selbstverständlich ist es möglich einen begabten Hund zu einem guten Arbeitshund zu machen, auch wenn er schon erwachsen ist, aber dazu braucht es viel Fachwissen und einen gut durchdachten Trainingsplan. Just for fun ist da nicht die richtige Art. Ganz im Gegenteil. Unter Umständen kommt man mit einem Hund zurück, der jetzt richtig Spaß daran hat, seine ererbten Fähigkeit an fliehenden potentiellen Beutetieren auszuleben. In der Konsequenz kann das lebenslange Leinenpflicht für den Hund und stressige Spaziergänge für Mensch und Hund bedeuten. Denn dieser Hund kann evtl. regelrecht am Rad drehen sowie ein Objekt der Begierde in seine Nähe kommt. Es besteht auch die Gefahr, dass ein sehr hütebegeisterter Hund seine Leidenschaft auf die im Haushalt lebenden Kinder und / oder Tiere wie Katzen übertregt, und damit wären Probleme auf alle Fälle vorprogrammiert, da weder Katzen noch Kinder das lustig fänden.

Einer der ersten Punkte ist die Gewöhnung an die Herde. Das sollte spätestens ab einem Alter von ca. einem Jahr erfolgen. Selbstverständlich hat der Hund schon zuvor auf dem Hof die Schafe gesehen und ist mit ihnen bereits in Berührung gekommen, evtl. hat der Schäfer auch schon die eine oder andere Gehorsamsübung in der Nähe von Schafen oder anderen Tieren durchgeführt. Je selbstverständlicher für den Lehrling die Anwesenheit von Schafen ist, um so leichter wird alles andere. Der junge Hund wird allein oder in Begleitung eines erfahrenen Althundes an eine stabile, nicht zu große Herde geführt, in der weder Lämmer noch Mutterschafe sind. Wichtig dabei ist, dass der Hund hier gar nicht dazu kommen kann, einen Fehler zu machen, da einmal erworbenes falsches Arbeiten sehr schwer heraus zu arbeiten ist. Also wird dieses Training nur kurz und mit garantiertem Erfolg durchgeführt und der Hund evtl. dabei an der Leine geführt. Hier wird mit viel Lob und Bestätigung gearbeitet, damit der Hund lernt, mit Freude zu arbeiten. Und es wird gut darauf geachtet, dass die Schafe den noch jungen und unerfahrenen Hund nicht zu sehr beeindrucken, sonst ist er unter Umständen für die weitere Hütearbeit nicht mehr zu gebrauchen, da er zu viel Respekt vor der Herde hat. Schafe stellen sich einem unbekannten Hund als kompakte Masse gegenüber, sie versuchen, den potentiellen Räuber durch ihre Anzahl zu beeindrucken und im

Abb. 8: Passives Wehren in der Furche
a) Führen in der Furche neben der Herde,
b) Furche halten beiderseits des Weges
c) Furche halten im weiten Gehüt neben der Frucht,
(Mannhund angeleint beim Hundeführer; Anm. der Autorin)

Quelle: „Hirten- und Hütehunde" Karl Hermann Finger, Ulmer Verlag, S. 186

günstigsten Fall zu verjagen. Ein Hund mit wenig Selbstvertrauen, also auch ein junger Hund, kann allein durch den Anblick zu dem Schluß kommen, dass er gegen diese Herde nichts ausrichten kann oder evtl. sogar selber gefährdet ist. Eine kleinere Herde ist nicht so beeindruckend und das gute Beispiel eines Althundes, bei dem der junge schon mehrfach zugesehen hat, kann bewirken, dass er mutiger und selbstbewußter wird.

In der ersten Zeit arbeitet der Lehrling immer an der Seite oder in der Nähe des Schäfers. Es gibt zwar sehr viele Althunde, die einem jungen bereitwillig die Arbeit zeigen, aber es gibt auch mal Eifersüchteleien zwischen den Hunden, da der Althund an der Herde eine begehrte Position innehat, die er auch gerne behalten möchte. Oder der Althund ist selber verspielt und die beiden bringen sich gegenseitig den Unfug bei, den der andere noch nicht kann. Also ist der Lehrling als Mann- oder Beihund in der Nähe des Schäfers, hier kann er bei Bedarf auch angeleint werden. Wenn zwei Hunde an der Herde arbeiten, ist auf jeder Seite ein Hund plaziert. Sollten sie die Seiten wechseln, passiert dies immer vor der Herde beim Schäfer, so werden Auseinandersetzungen vermieden, da die Hunde nicht zwingend befreundet sein müssen. Gegenüber dem Schäfer, also auf der anderen Seite der Herde, arbeitet der selbständige Hund, der auch „Halbenhund“ genannt wird. Er bewegt sich nicht im bzw. außerhalb des unmittelbaren Einwirkungsbereiches des Schäfers.

Die Schäfer arbeiten auch mit Strafe in Form eines verbalen „pfui“ oder auch mit Wurfketten oder mit der Schippe, mit der sie dem Hund einen Klumpen Erde draufwerfen. Das wird in der Regel durch ein Abbruchsignal, bzw. eine verbale Rüge angekündigt, so dass der Hund sein Verhalten korrigieren kann.

Allerdings sollten diese Strafmaßnahmen auch im richtigen Moment erfolgen und - lt. Karl Hermann Finger - auch richtig sitzen. Eine Wurfkette oder ein Klumpen, der nicht den Hund trifft, sollte gar nicht erst eingesetzt werden. Da kein Mensch gewährleisten kann, dass er immer und zu 100% im richtigen Moment auch richtig trifft, ist dies eine Strafe, die sich kontraproduktiv auswirken kann, die sie sehr zur Verunsicherung des Hundes beiträgt. Bei einem arbeitendenden Hund, der im falschen Moment korrigiert wird, obwohl er seine Sache richtig macht, kann das Selbstvertrauen gestört werden.. Evtl. beschädigt es auch sein Vertrauen in den Schäfer. Im schlimmsten Fall kann es zu unerfreulichen Fehlverknüpfungen kommen, wie z.B.: die Schafe sind schuld an der Strafe.

Was jetzt in der Ausbildung folgt, muss der Hund im Ansatz bereits beherrschen, sei es durch Training, sei es durch Begabung ergänzt durch Training. Drei Grundleistungen zeichnen den zuverlässigen Hütehund aus:

- Passives Wehren aus dem Stand
- Der Griff, bzw. aktives Wehren im Stand und aus der Bewegung
- Furchegehen, also passives Wehren aus der Bewegung.

Die Hörzeichen dafür sind:
- Passives Wehren: „voraus“ zum Einweisen oder an die Herdenflanke, bzw. „steh“ am richtigen Ort, „hierher“ als Rückruf
- Griff: „faß“, „greif“ oder „nimm“, zum Freigeben: „aus“, zum Verhindern „pfui“
- Furchegehen: „Furche“, zum Beruhigen „langsam“, beim Verlassen der Furche „pfui“.

Selbstverständlich haben Schäfer je nach Tradition und Gewohnheit ihre eigenen Hörzeichen.

Abb. 9: Schema zum Seitenwechsel bei an der Herde arbeitenden Hütehunden

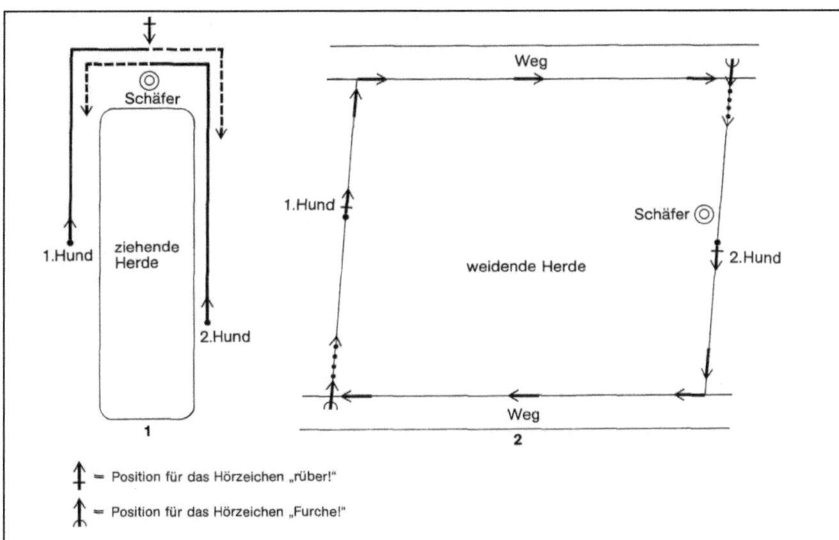

Quelle „Hirten- und Hütehunde“ Karl Hermann Finger, Ulmer Verlag, S. 195

Dabei muss der Hund aber klar wissen, welche Regeln an der Herde gelten, da die Schafe keine Beutetiere darstellen, sondern wie „rangniedere Rudelkumpane“ (Finger, S. 180) behandelt werden sollen. Er schreibt:

„Daraus ergeben sich die vom Ausbilder für den Hund zu organisierenden Erlebnisse mit den Schafen, um dem Lehrling die notwendigen Erfahrungen mitzugeben.

1. Die Schafe erkennen seinen Rudelrang an und weichen geziemend aus;
2. Die Einheit der geschlossenen Herde, also auch jedes darin befindliche Schaf, ist absolut tabu, Hütehunde haben darin nichts zu suchen;
3. Junge Lämmer, säugende Mütter, das Leitschaf und der in der Herde mitgehende Bock haben einen Sonderrang und genießen Vorrechte, solange sie nicht gegen die Rudeldisziplin verstoßen;
4. Frontale Angriffe einzelner Schafe können gefährlich werden, sie sind mit schnellen Scheinangriffen im Entstehen zu stoppen;
5. Einzelnen aggressiven, widersetzlichen und undisziplinierten Schafen gegenüber verschafft man (der Hund, Anmerkung der Autorin) sich mit dem Griff den nötigen Respekt, halbwüchsige Lämmer sind besonders konsequent mit dem Griff abzumahnen;
6. Ausweich- und Fluchtrichtung ist bei Schafen durch entsprechende Einwirkungen beeinflußbar."

Ob die Hunde Schafe als „Rudelkumpane" sehen und ob es hier tatsächlich eine Rangordnung gibt, darf bezweifelt werden, da man mittlerweile weiß, dass sich Rangordnungen nur innerhalb einer Art entwickeln. Man weiß aber auch aus Beobachtung an wildlebenden Caniden, dass diese in gewisser Weise die Beutetierrudel, die in ihrer Nähe leben, „bewachen" und vor fremden Angreifern schützen, so dass es für durchziehende Konkurrenten mit viel Aufwand und Gefahr verbunden ist, sich eine Mahlzeit aus dieser Herde zu holen. Das kann man sicher nicht mit Hütearbeit an einer Schafherde vergleichen. Hunde lernen im Alltag sehr schnell, dass bestimmte Tiere, die normalerweise Freßkonkurrenten sind, z.B. Katzen, oder Beutetiere wie Kaninchen tabu sind, sobald sie mit ihnen in einem Haushalt leben. Dazu gehört natürlich, dass Mensch es ihnen vernünftig beibringt. Hütehunde lernen von Anfang an, dass Schafe zum Alltag auf dem Hof gehören. Die Fähigkeit zum Schützen und Bewachen bringen sie nicht nur durch ihr Canidenerbe mit, sondern es wurde über Jahrhunderte selektiert, sie bringen dadurch ein gewisses Talent im Umgang mit Schafen und anderen potentiellen Beutetieren mit, das im Sinne des Schäfers nutzbringend eingesetzt werden kann.

Dass es bei Hüteeigenschaften sich tatsächlich um genetisch verankerte Eigenschaften handelt, hat unser Joschi mehrfach bewiesen. Als wir den Zaun unseres Gemüsegarten zur benachbarten Weide neu aufbauten, kamen natürlich auch Nachbars Hühner immer mal wieder vorbei. Im Sinne meiner Löwenmäulchen und Salatpflänzchen fand ich das gar nicht lustig. Es reicht ein einziges Mal in der Nähe der Hühner die Bemerkung: „Joschi, wo sind die Hühner?" und er machte sich sofort auf den Weg, um die Hühner vorsichtig und mit dem richtigen Abstand (!) aus dem Garten zu treiben. Jeder Border Collie hätte da etwas lernen können. Nur einmal geschah es, dass sich eine Henne unter die Rosenhecke flüchtete. Sofort sah er mich an, ob ich das bemerkt hätte, denn das war ihm sichtlich peinlich. Mit viel Geduld wurde aber auch dieses Tier entfernt, ohne es in Panik zu versetzen.

Die wichtigsten Ausbildungsziele sind das „Gehen in der Furche" und das „Wehren". Das Furchegehen wird lt. K.H. Finger auch als „passives Wehren in der Bewegung" bezeichnet. Ein aktives Wehren ist der Griff. Letztendlich geht es also darum, die Schafe aktiv und passiv dort zu halten, wo sie weiden sollen und von den verbotenen Flächen fernzuhalten. Alle Aktivitäten des Hütehundes laufen auf dieses Furchegehen und Wehren hinaus, egal ob es sich um Abbiegen an einer Straße, um das Aus- und Einpferchen, Kippen (Ändern der Bewegungsrichtung um 180°) oder andere Aktionen an der Herde handelt. Diese Ausbildungsziele und wie man sie erreicht, werden ausführlich in den bereits erwähnten Büchern von K.H.Finger, sowie Hans Chifflard und Herbert Sehner behandelt. Es sei deshalb hier auf diese Anleitungen verwiesen.

Ausbildung zum Koppelgebrauchshund – Unterschiede zu Herdengebrauchshunden

Dr. Johannes Caius, Leibarzt der Königin Elisabeth I. (1576):

> „Dieser Hund arbeitet nach der Stimme seines Meisters oder auf Handzeichen hin und bringt die verstreuten Schafe an den gewünschten Platz des Meisters, der dafür seine Füße nicht bewegen muss."

Mit diesen einfachen Worten ist die Aufgabe des Border Collies, bzw. Koppelgebrauchshundes klar und deutlich beschrieben und auf den Punkt gebracht. Man soll sich aber nicht täuschen lassen, was der Collie bei seiner Arbeit macht, ist alles andere als einfach. Da wir uns hier überwiegend den alten Hütehundrassen in Deutschland widmen, der Border Collie, bzw. seine Arbeitsweise mittlerweile auch hier stark gefordert ist, wird der Vollständigkeit halber auf die wesentlichen Punkte in seiner Arbeit eingegangen. Damit wird auch der Unterschied in der Arbeitsweise, bzw. den Aufgaben klarer.

Bei Hütewettbewerben britischer Art gibt es unterschiedliche Trails, je nachdem wie alt und erfahren die Hunde sind. Es kann mit einem oder mit zwei Hunden gearbeitet werden, ebenso könnten unter Umständen Rinder, Ziegen oder Schafe eingesetzt werden.

Es hat sich aber durchgesetzt, dass die Collies an Schafen arbeiten. Es handelt sich um kleine Gruppen von 25-50 Schafe.

Zuerst wird der Hund losgeschickt und soll die Schafe einholen (= outrun), der Hund soll sich den Schafen annähern (= lift) und sie schließlich bringen (= fetch). Je nach Altersklasse kann auch verlangt werden, dass einzelne Tiere abgetrennt (= shedding) werden. Er muss sie eine bestimmte Route treiben (= drive) und sie schließlich in einen Pferch (= pen) bringen. Der Hundeführer darf nur an bestimmten Punkten, z.B. zum Öffnen und Schließen des Pferchs seinen Platz am Startpfosten verlassen, um dem Hund zu helfen. Andernfalls gibt es Punktabzug, bzw. das Team wird disqualifiziert. Der entscheidende Punkt ist - wie in dem Zitat von Johannes Caius -, dass der Hund allein und selbständig, nur geführt und evtl. auch korrigiert durch Hörzeichen, seine Arbeit erledigt. Dabei spielt die Begabung des Hundes eine große Rolle, aber auch eine saubere Ausbildung. Das Korrigieren der Schafe spielt im Gegensatz zu den Herdengebrauchshunden eine untergeordnete Rolle. Wenn eines der Schafe ausbricht, hat der Hund einen entscheidenden Fehler gemacht, d.h. er war nicht aufmerksam oder zu nahe an den Schafen, so dass sie beunruhigt wurden. Selbstverständlich muss er das flüchtige Schaf wieder zurück holen. Dazu reicht in der Regel, dass er kurz seine Richtung ändert, um so die Bewegungsrichtung des Schafes in seinem Sinn zu beeinflussen.

Während ein Hütewettbewerb von Herdengebrauchshunden ca. 25 Minuten dauert, rechnet man je Lauf bei Koppelgebrauchshunden (Trial) je nach Anforderung und Parcours 8-30 Minuten. Beim Herdengebrauchshund ist ein entscheidender Faktor die Imitation eines Hütegangs, dessen mögliche Schwierigkeiten nachgestellt werden, beim Koppelgebrauchshund werden die unterschiedlichen Arbeiten des Hundes auf der Koppel in verschiedenen Situationen durchgespielt.

Neben den üblichen Grundgehorsamsübungen ist es wichtig, dass von Anfang an an der Rechts-Links-Sicherheit gearbeitet wird. Das bedeutet, dass der Hund auf ein bestimmtes Kommando sofort die Richtung um 180° ändert, und zwar auch im vollen Lauf. Das Einüben der Arbeit findet im Gegensatz zum Herdengebrauchshund in der Regel ohne Leine aber an eingekoppelten Schafen statt. Die Schafe müssen vor Übergriffen des Hundes geschützt werden, da auch hier sonst die Gefahr besteht, dass der Hund entweder etwas Falsches lernt, z.B. wie scheuche ich am besten Schafe durch die Gegend, oder von den Schafen so beeindruckt ist, dass er für die Arbeit unbrauchbar wird. Idealerweise nimmt man eine kleine Gruppe von alten und abgeklärten Schafen, die sich nichts daraus machen, wenn ein junger, aufgeregter Hund um sie herumschwirrt.

Abb. 10: Schema Trial Border Collies

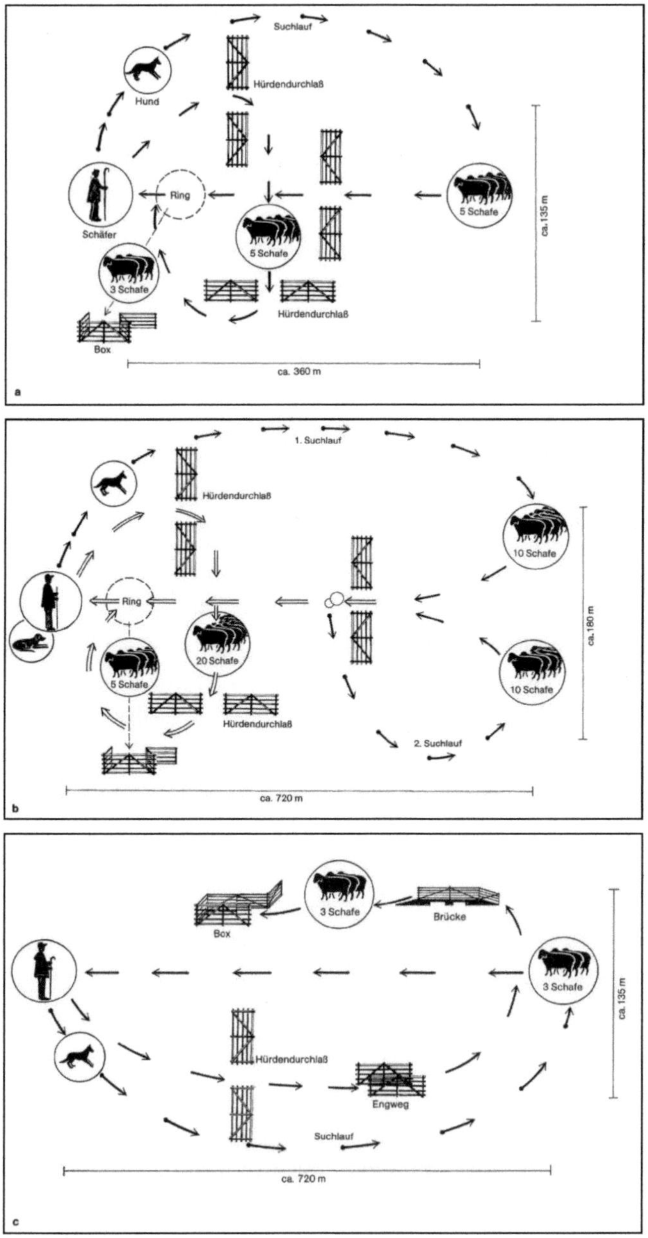

Quelle: „Hirten- und Hütehunde“ Karl Hermann Finger, Ulmer Verlag, S. 225

Die ersten Übungen bestehen vor allem darin, dass der Hund immer auf der entgegengesetzten Seite der Herde steht und so lernt, die Schafe dem Schäfer zuzutreiben. Er lernt die Seiten zu wechseln (Rechts-Links-Sicherheit), sofort ins „down“ zu gehen und sich an der Herde kontrolliert und vorsichtig zu verhalten. Die weiterführenden Arbeiten wie Einboxen (in einen Pferch / Hänger treiben), Abtrennen, Vereinzeln werden erst dann begonnen, wenn der Hund schon einen gewisse Balance an der Herde entwickelt hat. Der Abstand, in dem der Hund hinter den Schafen bleibt, ist individuell unterschiedlich. Jeder Hund muss sein eigenes Gespür dafür herausbilden, damit die Schafe in gleichbleibendem, ruhigem Tempo vorankommen und nicht beunruhigt werden. Der Griff, den auch die Border Collies zeigen, darf nur in absoluten Ausnahmefällen eingesetzt werden. In der Regel ist er nur notwendig, wenn der Hund die Balance nicht gewahrt hat und zu nahe oder zu schnell an die Schafe herankommt.

Was auf gar keinen Fall geduldet werden darf ist, dass der Hund selbständig anfängt an den Schafen zu arbeiten, besonders nicht wenn sie weiden. Auch hier gilt, dass die Ruhe der Schafe absolute Priorität hat und jede Beunruhigung durch den Hund unerwünscht und schädlich ist.

Die Übungseinheiten werden immer sehr kurz gehalten und von Anfang an muss sich der Ausbilder darauf konzentrieren, dass der Hund Erfolg hat und sich keine Fehler einarbeiten. Im Gegensatz zum Herdengebrauchshund (HGH) muss der Koppelgebrauchshund (KGH) auch immer nur relativ kurz arbeiten, er wird mit Sicherheit nicht stundenlang damit beschäftigt sein, die Schafe von hier nach dort zu treiben. Und selbst wenn eine weitere Strecke zu bewältigen ist, weil die Koppeln in relativ großer Entfernung von einander liegen, ist dieser Gang vielleicht einmal pro Woche notwendig. Ein Weidegang für einen HGH dauert aber im günstigsten Fall 4-5 Stunden, im Sommer bis zu 10 Stunden, und das unter Umständen täglich. Dafür ist das Treiben des KGH eine wesentlich konzentriertere Arbeit, da die Hunde in angespannter geduckter Haltung hinter der Herde laufen und dabei gut absichern müssen, dass kein Tier entkommt.

K.H.Finger weist über den Einsatz von KGHs in seinem Buch „Hirten- und Hütehunde“ (S. 217) darauf hin, dass der Einsatz der Collies in der mitteleuropäischen Koppelschafhaltung nicht mit der ihrer angelsächsischen Vorbilder zu vergleichen ist, da einer der wichtigsten Schwerpunkte der Hütearbeit darin besteht,“... Schäden im Verkehr und an fremden Grundstücken zu verhindern ...“ Was sich nach seiner Erfahrung dabei erschwerend auswirkt, ist die Tatsache, „... dass Koppelschafe eine eigenwillige Mentalität entwickeln und Kleinherden geringe, statische Stabilität aufweisen.“ Er geht davon aus, dass Border Collies deshalb noch lange nur an kleinen Herden mit maximal 75 Schafen einsetzbar sind und nur ausnahmsweise mit mehr als 100 Tieren arbeiten können. Des weiteren schreibt er: „Ein ausgebildeter Koppelschafhund, der unter diesen Umständen bestehen kann, sollte gekennzeichnet sein durch sichere Beherrschung von **vier Grundleistungen** (Hervorhebung lt. Finger, Anmerkung der Autorin) (s. Seite 220): Aufsuchen versprengter Schafe, richtungsorientiertes Inbewegungsetzen, passives Wehren aus dem Stand (einschließlich Einzeltierfixierung am Platz), passives Wehren aus der Bewegung (Furchegehen)."

Wie man nachlesen kann, geht er davon aus, dass für bestimmte Arbeiten auch für Profischäfer der Einsatz von KGHs bewähren kann, besonders wenn es dem Ausbilder gelingt, die Arbeitsweisen zu vermischen. Allerdings weiß er auch als guter Kenner der Materie, dass es eine gewisse Zeit dauern wird, bis Hunde in ausreichender Menge gezüchtet können, die diese Eigenschaften zuverlässig zeigen.

Fazit

Als ich zum ersten Mal das Buch „Herdenschutzhunde“ von Thomas Schoke las, ratterte in meinem Kopf ununterbrochen ein Gedanke: wie kriege ich einen Herdenschutzhund in meinem Leben unter? Die Antwort war damals: gar nicht.

Für mich wäre es natürlich ein großes Kompliment, wenn es Ihnen beim Lesen genauso ergehen würde. Aber wenn ein Harzer Fuchs oder ein Strobel nun mal in Ihrem Leben partout nicht unterzubringen ist, würden Sie sich genauso wenig einen Gefallen erweisen wie diesem Hund. Der Sinn dieses Buch soll nicht sein, dass sich jetzt alle Leser wie die Geier auf Hütehunde stürzen, sondern dass sie ihre ursprünglichen Aufgaben kennenlernen und sich mit den Besonderheiten der Hunde vertraut machen.

Mittlerweile haben sich meine Lebensumstände geändert und eine griechische Herdenschutzhündin (Helenikos Poimonikos) bereichert unser Leben. Sie kann unser Anwesen bewachen und hat damit eine wunderbare Aufgabe.

Mit einem Hund oder auch mit mehreren leben zu dürfen, ist nicht nur eine große Freude, es ist auch ein Privileg, die Entwicklung und das Leben eines Hunde begleiten zu können. Alle Hunde, egal welcher Rasse, Größe und Herkunft haben ein Recht darauf, dass wir sie als Persönlichkeiten ernst nehmen und ihre rassetypischen und individuellen Bedürfnisse erfüllen. Dazu gehört auch die Kenntnis ihrer bisherigen Einsatzgebiete und die genaue Überprüfung, inwiefern so ein Hund bei mir ein gutes Leben führen kann.

Wer sich gegen die Aufnahme eines Hütehundes entscheidet, weil er einfach nicht in seinen Alltag passt, kann sich durch die Besuche von Hütewettbewerben entschädigen oder sich im Tierschutz um sie kümmern.

Wenn Sie sich aber entschieden haben, einen dieser faszinierenden Hunde in Ihr Leben zu holen, dann wünsche ich Ihnen viel Glück und Freude an Ihrem vierbeinigen Freund und ich hoffe, dass Sie mit ihm ein ebenso gutes Leben haben werden, wie wir es mit unserem Joschi hatten.

Joschi mit 16 Jahren, 6 Monate vor seinem Tod

Dankeschön

Ein Buch schreibt sich nicht von allein. Viele Recherchen müssen angestellt, Bücher gelesen und ausgewertet, Menschen interviewt und um verschiedene Gefallen gebeten werden. Bei allen, die mir bei diesem Buch geholfen haben, möchte ich mich von ganzem Herzen bedanken.

Ganz besonders gilt mein Dank den Schäfern Andreas Smietana mit Sassa, Tobias Wrobletzky mit Tiger, Stefan Borgmann mit seinem liebenswerten Viergespann und Tobias Zagorzek mit Shime, Luna und Pasu. Bei ihnen durfte ich meine ersten Erfahrungen mit Hütehunden machen und wunderbare Stunden beim Hüten verbringen.

Gudrun Krüger gilt mein Dank, weil sie mir nicht nur die Arbeit der Border Collies gut vermittelt hat, sondern auch, weil ich durch sie einen viel besseren Einblick auf die Fähigkeiten der Cattle Dogs bekommen habe.

Bei Susanne Zander bedanke ich mich, da ich durch ihren Artikel in einer Hundezeitschrift überhaupt erst erfahren habe, dass unser Joschi ein Strobel war, aber auch, weil sie sich einen ganzen Nachmittag lang mit mir ausführlich über Altdeutsche Hütehunde unterhalten hat und ich viel von diesem Gespräch profitieren konte.

Bei Christel Simantek von der Gesellschaft zum Erhalt aussterbender Haustierrassen (GEH) bedanke ich mich herzlich. Mit ihrer Erlaubnis darf ich die Statistiken der GEH zur Entwicklung der Würfe und der Farbschläge hier veröffentlichen. Sie hat schnell und unbürokratisch den Kontakt zu Claudia Träger hergestellt, die mir dankenswerterweise die wunderbaren Fotos des Kuhhundes, des Stumpers und des Tigers zur Verfügung gestellt hat. Claudia Träger war bei unseren Mailkontakten und Telefonaten so begeistert von der Idee dieses Buches, dass es ihr hoffentlich gefallen wird.

Herrn Prof. Dr. Lienau und Frau Dorothea Sick danke ich sehr herzlich dafür, dass ich die benötigten Skizzen aus den Büchern “ Die Siedlungen des ländlichen Raumes“ und „Agrargeographie“ übernehmen durfte.

Mein ganz besonderer Dank gilt Angelika Fuss, die mich als Freundin, Biologin und Geographin nicht nur mit vielen Hintergrundinformationen und Literatur über die landwirtschaftliche Entwicklung, Viehzucht und viele andere für mich fachfremde Themen versorgt hat. Darüber hinaus hat sie auch den Anstoß gegeben, an diesem Buch weiter zu arbeiten, nachdem die ersten Versuche über mehrere Jahre in der Schublade lagen. Sie hat geduldig immer wieder das Skript gelesen und mir gute Hinweise für die Lesbarkeit, Rechtschreibung und Grammatik gegeben, und ohne das kommt ein Buch einfach nicht aus. Ihre entzückende Hündin Enna stand für einige Fotos Modell und hat mich wieder daran erinnert, was für liebenswerte Gesellen die Altdeutschen sind.

Meinen beiden Korrekturlesern Inga Hauser und Andreas Schenz gilt mein Dank für ihre Unermüdlichkeit im Lesen meiner Skripte. Inga Hauser hat mir viele gute Tipps gegeben, damit neue Erkenntnisse über Hunde Einzug gehalten haben. Andreas Schenz hat wie immer überprüft, ob dieses Buch auch für Laien verständlich ist.

Schließlich möchte ich auch meinem Mann Ernst Wagner-Rott dafür danken, dass er ebenfalls als Leser in allen möglichen Phasen zur Verfügung stand, mit Kritik nicht hinter dem Berg gehalten und dieses Projekt immer unterstützt hat.

Meinem alten Freund und bewährten Layouter Franz Sonnenstatter danke ich für seinen unermüdlichen Einsatz und sein Engagement bei der Erstellung meiner Bücher Mit diesem Buch habe ich in seinen Augen endlich mal ein „richtiges“ Buch gemacht.

Aber die größte Dankbarkeit empfinde ich bei dem Gedanken an alle die wunderbaren Hunde, die ich kennenlernen durfte. Sie waren meine größten Lehrmeister und werden es immer bleiben. Unser Joschi, der uns 10 Jahre lang begleitet hat, hat den Grundstein für meine Liebe zu den Hütehunden gelegt. Aber nicht nur aus diesem Grund bewahre für ihn ich immer einen ganz besonderen Platz in meinem Herzen, er war ein so traumhafter Begleiter und Freund, wie man es sich nur wünschen kann.

Literatur und Quellennachweis

Karl-Hermann Finger, Hirten- und Hütehunde, Ulmer Verlag, 2. überarbeitete Auflage1996

Hans Chifflard, Herbert Sehner, Ausbildung von Hütehunde, Ulmer Verlag, 2. Auflage, 2004

Rudolf Löns, Die Deutschen Schäferhunde, Creuztsche Verlagsbuchhandlung Magdeburg, ca. 1925

Auf der Hut - Hirtenleben und Weidewirtschaft, hrsg. Maximilian Böhm, Heinrich Hacker, Ralf Heimrath, Barbara Hörmann, Lothar Hofmann, Otto Kettemann, Herbert May, Martin Ortmeier, Bertram Popp, Ariane Weidlich, , Schriften Süddeutscher Freilichtmuseen Band 2, Bezirk Oberpfalz, Oberpfälzer Freilichtmusum Neusath-Perschen, 2003

Wolf-Dieter Sick, Agrargeographie, Westermann Verlag, Das geographische Seminar (nur antiquarisch erhältlich)

Cay Lienau, „Die Siedlungen des ländlichen Raumes“, Westermann Verlag, Das Geographische Seminar (nur antiquarisch erhältlich)

Hansjörg Küster, Geschichte der Landschaft in Mitteleuropa, Von der Eiszeit bis zur Gegenwart, Verlag C.H. Beck, München, 1999

Schutz und Entwicklung der Kalkmagerrasen der Schwäbischen Alb, hrsg. Burkhard Beinlich und Harald Plachter, Beihefte zu den Verhöffentlichungen für Naturschutz und Landschaftspflege in Baden Württemberg, Nr. 83, Landesanstalt für Umweltschuzt in Baden-Württemberg, 1995

Das Alpha-Syndrom, Über Führung und Rangordnung bei Hunden - was das ist und was nicht, Andres Hallgren, animal learn Verlag, 2006

Die Bajuwaren, Katalog der gemeinsamen Landesausstellung des Freistaates Bayern und des Landes Salzburg, hersg. Hermann Dannheimer und Heinz Dopsch, Verleger Freistaat Bayern, 1. Auflage 1988

Günther Bloch, Elli H. Radinger, Wölfisch für Hundehalter, Von Alpha, Dominanz und anderen populären Irrtümern, Kosmos Verlag, 2010

Dr. Hellmuth Wachtel, Hundezucht 2000, Gollwitzer Verlag

Thomas Schoke, Herdenschutzhunde, animal learn Verlag

Ray und Lorna Coppinger, Hunde, animal learn Verlag

Norbert Benecke, Der Mensch und seine Haustiere, Konrad Theiss Verlag

Schmeller Bayerischem Wörterbuch, Sonderausgabe von 1872-1877, G. Karl Fromm

Meyers Konversationslexikon, 1905

Der Große Herder, 1955

Der Große Brockhaus 1989

Enzyklopädie der Rassehunde, Hans Räber, Kosmos Verlag, Band 1, 1. Auflage 1993

Pons Großwörterbuch für Experten und Universitäten, Deutsch - Englisch, Englisch - Deutsch, Klett Verlag, Neubearbeitung 1997

Und zur heiteren Lektüre für alle, die sich mit Schafen und ihrem Hang zur Philosphie näher befassen möchten, sollen auch die Schafskrimis erwähnt werden:

Leonie Swann, „Glenkill", „Garou", Goldmann Verlag

Gesellschaft zur Erhaltung alter und gefährdeter Haustierrassen: http://www.g-e-h.de/

Arbeitsgemeinschaft zur Zucht Altdeutscher Hütehunde: http://www.g-e-h.de/

Bildnachweis

S. 86: Bilder Stumper, Tiger, Westerwälder Kuhhund: Claudia Träger

alle anderen Fotos: Ute Rott

Abbildungen 2 und 3: aus „Agrargeographie", Wolf-Dieter Sick, Westermann Verlag, Das Geographische Seminar, mit der freundlichen Genehmigung von Dorothea Sick

Abbildung 4: aus „Die Siedlungen des ländlichen Raumes", Cay Lienau, Westermann Verlag, Das Geographische Seminar, S. 106, mit der freundlichen Genehmigung von Prof. Cay Lienau

Abbildung 5: aus „Ausbildung von Hütehunden", Hans Chifflard, Herbert Sehner, mit der freundlichen Genehmigung Ulmer Verlag

Abbildung 6: Bestand der Altdeutschen Hütehunde, mit der freundlichen Genehmigung der Gesellschaft zum Erhalt gefährdeter Haustierrassen

Abbildungen 8, 9, 10: aus „Hirten- und Hütehunde", Karl Hermann Finger, mit der freundlichen Genehmigung Ulmer Verlag

Abbildungen aus dem Sachsenspiegel S. 32/34 sowie die Transskirptionen S. 33/35 mit der freundlichen Genehmigung der Herzog August Bibliothek Wolfenbüttel

Weitere Bücher im PhiloCanis Verlag:

Ute Rott
Wohl bekomm's!
Dein Hund isst, was er frisst
ISBN 978-3-9818-3070-5
eBook:
ISBN 978-3-9818 3077-4

Ute Rott
Herzlich willkommen
Ein Hund kommt ins Haus
ISBN 978-3-9818-3071-2
eBook:
ISBN 978-3-9818-3072-9

Ute Rott
Mantrailing
Praktische Anleitung
(nicht nur) für Anfänger
ISBN 978-3-9818-3073-6
eBook:
ISBN 978-3-9818-3074-3

Ute Rott
Mensch, mach langsam!
Wenn Hunde an der Leine ziehen,
weil Menschen keine Zeit haben
ISBN 978-3-9818-3075-0
eBook:
ISBN 978-3-9818-3076-7

Ute Rott
Darf ich bitten?
Das 1x1 des freundlichen Rückrufs
ISBN 978-3-9818-3078-1
eBook:
ISBN 978-3-9818-3079-8

PhiloCanis Verlag
Metzelthin 22
17268 Templin
ute.rott@philocanis.de
www.philocanis.de